Günther Wellenreuther
Dieter Zastrow

# Lösungsbuch
# Steuertechnik mit SPS

Günther Wellenreuther
Dieter Zastrow

# Lösungsbuch Steuerungstechnik mit SPS

## Lösungen der Aufgaben

3., korrigierte Auflage

Viewegs Fachbücher der Technik

Bibliografische Information Der Deutschen Nationalbibliothek
Die Deutsche Nationalbibliothek verzeichnet diese Publikation in der
Deutschen Nationalbibliografie; detaillierte bibliografische Daten sind im Internet über
<http://dnb.d-nb.de> abrufbar.

1. Auflage 1993
2., korrigierte Auflage 1996
3., korrigierte Auflage August 1996
unv. Nachdruck März 2007

Alle Rechte vorbehalten
© Friedr. Vieweg & Sohn Verlag | GWV Fachverlage GmbH, Wiesbaden 1996

Der Vieweg Verlag ist ein Unternehmen von Springer Science+Business Media.
www.vieweg.de

Umschlaggestaltung: Ulrike Weigel, www.CorporateDesignGroup.de
Druck und buchbinderische Verarbeitung: MercedesDruck, Berlin
Gedruckt auf säurefreiem und chlorfrei gebleichtem Papier.

ISBN 978-3-528-24637-2

# Vorwort

Der vorliegende Lösungsband bringt die Lösungen der Übungsaufgaben aus dem Lehrbuch „Steuerungstechnik mit SPS".

Die Lösungen sind ausführlich dargestellt mit

- Lösungsweg (Beschreibungsmittel und Entwurfsmethode),
- Funktionsplan,
- Anweisungsliste.

Bei den Programmen mit wortverarbeitenden Befehlen wurden ausführliche Kommentare in der Anweisungsliste angegeben. Diese Kommentare erleichtern den Nachvollzug von Programmschritten und erläutern die Parametrierungsmaßnahmen bei Standardfunktionsbausteinen für Analogwertverarbeitung und Regelungen.

Bei den Ablaufsteuerungen wurde, wegen der großen Praxisbedeutung dieses Steuerungstyps, die Verbindung zum vorgegebenen Betriebsartenteil immer dargestellt.

Wir danken dem Verlag für das Eingehen auf unsere Wünsche sowie für die sorgfältige Ausführung des Lösungsbandes. Für Zuschriften aus dem Leserkreis mit Hinweisen oder besseren Lösungsvorschlägen sind wir jederzeit dankbar.

*Günter Wellenreuther*
*Dieter Zastrow*

Mannheim, Ellerstadt, Mai 1996

# Inhaltsverzeichnis

## Übung 3.1: Überwachung eines chemischen Prozesses

**Zuordnungstabelle:**

| Eingangsvariable | Betriebsmittel-kennzeichen | Logische Zuordnung |
|---|---|---|
| Bimetallthermometer | E | Temp. unterschr. E = 0 |
| Ausgangsvariable | | |
| Alarmhupe | A | Alarmhupe        A = 1 |

**Funktionstabelle:**          **Funktionsplan:**          **Schaltalgebraischer Ausdruck:**

| E | A |
|---|---|
| 0 | 1 |
| 1 | 0 |

E ───O─| & |─── A

$$A = \overline{E}$$

**Realisierung mit einer SPS:**          **Anweisungsliste:**

Zuordnung: E = E 0.1
            A = A 0.1

```
:UN   E     0.1
:=    A     0.1
:BE
```

## Übung 3.2: Spritzgußmaschine

**Zuordnungstabelle:**

| Eingangsvariable | Betriebsmittel-kennzeichen | Logische Zuordnung |
|---|---|---|
| Form geschlossen | E1 | Endschalter betätigt   E1 = 1 |
| Formdruck | E2 | Formdruck aufgebaut   E2 = 0 |
| Schutzgitter | E3 | Schutzgitter geschl.   E3 = 1 |
| Preßtemperatur | E4 | Temperatur erreicht   E4 = 0 |
| Ausgangsvariable | | |
| Magnetventil | A | Ventil angezogen      A  = 1 |

**Funktionstabelle:**          **Funktionsplan:**          **Schaltalgebraischer Ausdruck:**

| E4 | E3 | E2 | E1 | A |
|---|---|---|---|---|
| 0 | 0 | 0 | 0 | 0 |
| 0 | 0 | 0 | 1 | 0 |
| 0 | 0 | 1 | 0 | 0 |
| 0 | 0 | 1 | 1 | 0 |
| 0 | 1 | 0 | 0 | 0 |
| 0 | 1 | 0 | 1 | 1 |
| 0 | 1 | 1 | 0 | 0 |
| 0 | 1 | 1 | 1 | 0 |
| 1 | 0 | 0 | 0 | 0 |
| 1 | 0 | 0 | 1 | 0 |
| 1 | 0 | 1 | 0 | 0 |
| 1 | 0 | 1 | 1 | 0 |
| 1 | 1 | 0 | 0 | 0 |
| 1 | 1 | 0 | 1 | 0 |
| 1 | 1 | 1 | 0 | 0 |
| 1 | 1 | 1 | 1 | 0 |

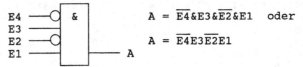

$$A = \overline{E4}\&E3\&\overline{E2}\&E1 \quad \text{oder}$$

$$A = \overline{E4}E3\overline{E2}E1$$

**Realisierung mit einer SPS:**

Zuordnung: E1 = E 0.1    A = A 0.1
             E2 = E 0.2
             E3 = E 0.3
             E4 = E 0.4

**Anweisungsliste:**

```
:UN   E     0.4
:U    E     0.3
:UN   E     0.2
:U    E     0.1
:=    A     0.1
:BE
```

## Übung 3.3: Reaktionsgefäß

**Zuordnungstabelle:**

| Eingangsvariable | Betriebsmittel-kennzeichen | Logische Zuordnung | |
|---|---|---|---|
| Druckmesser | E1 | Druck zu groß | E1 = 0 |
| Thermoelement | E2 | Temperatur zu groß | E2 = 0 |
| Einlaßventil | E3 | Ventil offen | E3 = 0 |
| Konzentration | E4 | Konzentration err. | E4 = 0 |
| Ausgangsvariable | | | |
| Sicherheitsventil | A | Ventil offen | A = 1 |

**Funktionstabelle:**

| E4 | E3 | E2 | E1 | A |
|---|---|---|---|---|
| 0 | 0 | 0 | 0 | 0 |
| 0 | 0 | 0 | 1 | 1 |
| 0 | 0 | 1 | 0 | 1 |
| 0 | 0 | 1 | 1 | 1 |
| 0 | 1 | 0 | 0 | 1 |
| 0 | 1 | 0 | 1 | 1 |
| 0 | 1 | 1 | 0 | 1 |
| 0 | 1 | 1 | 1 | 1 |
| 1 | 0 | 0 | 0 | 1 |
| 1 | 0 | 0 | 1 | 1 |
| 1 | 0 | 1 | 0 | 1 |
| 1 | 0 | 1 | 1 | 1 |
| 1 | 1 | 0 | 0 | 1 |
| 1 | 1 | 0 | 1 | 1 |
| 1 | 1 | 1 | 0 | 1 |
| 1 | 1 | 1 | 1 | 1 |

**Funktionsplan:**

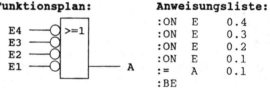

**Anweisungsliste:**

```
:ON   E    0.4
:ON   E    0.3
:ON   E    0.2
:ON   E    0.1
:=    A    0.1
:BE
```

**Schaltalgebraischer Ausdruck:**

$$A = \overline{E4} \lor \overline{E3} \lor \overline{E2} \lor \overline{E1}$$

**Realisierung mit einer SPS:**
Zuordnung: E1 = E 0.1      A = A 0.1
           E2 = E 0.2
           E3 = E 0.3
           E4 = E 0.4

## Übung 3.4: UND-vor-ODER

**Funktionstabelle:**

| E4 | E3 | E2 | E1 | E4&E3&E2&E1 | E3&$\overline{E2}$&E1 | $\overline{E4}$&E2&E1 | E4&$\overline{E3}$&$\overline{E2}$ | A |
|---|---|---|---|---|---|---|---|---|
| 0 | 0 | 0 | 0 | 0 | 0 | 0 | 0 | 0 |
| 0 | 0 | 0 | 1 | 0 | 0 | 0 | 0 | 0 |
| 0 | 0 | 1 | 0 | 0 | 0 | 0 | 0 | 0 |
| 0 | 0 | 1 | 1 | 0 | 0 | 1 | 0 | 1 |
| 0 | 1 | 0 | 0 | 0 | 0 | 0 | 0 | 0 |
| 0 | 1 | 0 | 1 | 0 | 1 | 0 | 0 | 1 |
| 0 | 1 | 1 | 0 | 0 | 0 | 0 | 0 | 0 |
| 0 | 1 | 1 | 1 | 0 | 0 | 1 | 0 | 1 |
| 1 | 0 | 0 | 0 | 0 | 0 | 0 | 1 | 1 |
| 1 | 0 | 0 | 1 | 0 | 0 | 0 | 1 | 1 |
| 1 | 0 | 1 | 0 | 0 | 0 | 0 | 0 | 0 |
| 1 | 0 | 1 | 1 | 0 | 0 | 0 | 0 | 0 |
| 1 | 1 | 0 | 0 | 0 | 0 | 0 | 0 | 0 |
| 1 | 1 | 0 | 1 | 0 | 1 | 0 | 0 | 1 |
| 1 | 1 | 1 | 0 | 0 | 0 | 0 | 0 | 0 |
| 1 | 1 | 1 | 1 | 1 | 0 | 0 | 0 | 1 |

**Schaltalgebraischer Ausdruck:**

A = E4&E3&E2&E1 v E3&$\overline{E2}$&E1 v $\overline{E4}$&E2&E1 v E4&$\overline{E3}$&$\overline{E2}$

**Realisierung mit einer SPS:**          **Anweisungsliste:**

Zuordnung: E1 = E 0.1     A = A 0.1

| | | | | | | |
|---|---|---|---|---|---|---|
| E2 = E 0.2 | :U | E | 0.1 | :U | E | 0.1 |
| E3 = E 0.3 | :U | E | 0.2 | :U | E | 0.2 |
| E4 = E 0.4 | :U | E | 0.3 | :UN | E | 0.4 |
| | :U | E | 0.4 | :O | | |
| | :O | | | :UN | E | 0.2 |
| | :U | E | 0.1 | :UN | E | 0.3 |
| | :UN | E | 0.2 | :U | E | 0.4 |
| | :U | E | 0.3 | := | A | 0.1 |
| | :O | | | :BE | | |

## Übung 3.5: ODER-vor-UND

**Funktionstabelle:**

| E4 | E3 | E2 | E1 | $\overline{E4}$ v $\overline{E3}$ v E2 v $\overline{E1}$ | $\overline{E4}$ v E3 v $\overline{E2}$ v E1 | E4 v E2 | A |
|----|----|----|----|----|----|----|----|
| 0 | 0 | 0 | 0 | 1 | 1 | 0 | 0 |
| 0 | 0 | 0 | 1 | 1 | 1 | 0 | 0 |
| 0 | 0 | 1 | 0 | 1 | 1 | 1 | 1 |
| 0 | 0 | 1 | 1 | 1 | 1 | 1 | 1 |
| 0 | 1 | 0 | 0 | 1 | 1 | 0 | 0 |
| 0 | 1 | 0 | 1 | 1 | 1 | 0 | 0 |
| 0 | 1 | 1 | 0 | 1 | 1 | 1 | 1 |
| 0 | 1 | 1 | 1 | 1 | 1 | 1 | 1 |
| 1 | 0 | 0 | 0 | 1 | 1 | 1 | 1 |
| 1 | 0 | 0 | 1 | 1 | 1 | 1 | 1 |
| 1 | 0 | 1 | 0 | 1 | 0 | 1 | 0 |
| 1 | 0 | 1 | 1 | 1 | 1 | 1 | 1 |
| 1 | 1 | 0 | 0 | 1 | 1 | 1 | 1 |
| 1 | 1 | 0 | 1 | 0 | 1 | 1 | 0 |
| 1 | 1 | 1 | 0 | 1 | 1 | 1 | 1 |
| 1 | 1 | 1 | 1 | 1 | 1 | 1 | 1 |

**Schaltalgebraischer Ausdruck:**

A = ($\overline{E4}$ v $\overline{E3}$ v E2 v $\overline{E1}$) & ($\overline{E4}$ v E3 v $\overline{E2}$ v E1) & (E4 v E2)

**Realisierung mit einer SPS:**          **Anweisungsliste:**

Zuordnung: E1 = E 0.1     A = A 0.1

| | | | | | | |
|---|---|---|---|---|---|---|
| E2 = E 0.2 | :U( | | | :U( | | |
| E3 = E 0.3 | :ON | E | 0.1 | :O | E | 0.2 |
| E4 = E 0.4 | :O | E | 0.2 | :O | E | 0.4 |
| | :ON | E | 0.3 | :) | | |
| | :ON | E | 0.4 | := | A | 0.1 |
| | :) | | | :BE | | |
| | :U( | | | | | |
| | :O | E | 0.1 | | | |
| | :ON | E | 0.2 | | | |
| | :O | E | 0.3 | | | |
| | :ON | E | 0.4 | | | |
| | :) | | | | | |

## Übung 3.6: Funktionsplandarstellung

**Funktiontabelle:**

| E4 | E3 | E2 | E1 | A1 | A2 |
|----|----|----|----|----|----|
| 0  | 0  | 0  | 0  | 0  | 0  |
| 0  | 0  | 0  | 1  | 1  | 1  |
| 0  | 0  | 1  | 0  | 0  | 0  |
| 0  | 0  | 1  | 1  | 1  | 1  |
| 0  | 1  | 0  | 0  | 0  | 0  |
| 0  | 1  | 0  | 1  | 1  | 1  |
| 0  | 1  | 1  | 0  | 0  | 0  |
| 0  | 1  | 1  | 1  | 0  | 0  |
| 1  | 0  | 0  | 0  | 0  | 0  |
| 1  | 0  | 0  | 1  | 1  | 0  |
| 1  | 0  | 1  | 0  | 0  | 0  |
| 1  | 0  | 1  | 1  | 1  | 0  |
| 1  | 1  | 0  | 0  | 0  | 0  |
| 1  | 1  | 0  | 1  | 1  | 0  |
| 1  | 1  | 1  | 0  | 0  | 0  |
| 1  | 1  | 1  | 1  | 0  | 0  |

**Realisierung mit einer SPS:**

Zuordnung:   E1 = E 0.1    A1 = A 0.1
             E2 = E 0.2    A2 = A 0.2
             E3 = E 0.3
             E4 = E 0.4

**Anweisungsliste:**

```
:U    E    0.1
:U    E    0.2
:UN   E    0.3
:O
:U    E    0.1
:UN   E    0.2
:=    A    0.1
:U    A    0.1
:UN   E    0.4
:=    A    0.2
:BE
```

## Übung 3.7: Analyse einer Anweisungsliste

Zuordnung:   E0 = E 0.0    A0 = A 0.0
             E1 = E 0.1    A1 = A 0.1
             E2 = E 0.2

**Funktionsplan:**

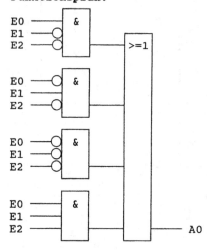

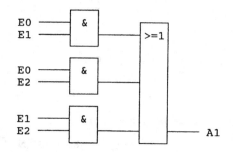

**Funktiontabelle:**

| E2 | E1 | E0 | A0 | A1 |
|----|----|----|----|----|
| 0  | 0  | 0  | 1  | 0  |
| 0  | 0  | 1  | 1  | 0  |
| 0  | 1  | 0  | 1  | 0  |
| 0  | 1  | 1  | 0  | 1  |
| 1  | 0  | 0  | 0  | 0  |
| 1  | 0  | 1  | 0  | 1  |
| 1  | 1  | 0  | 0  | 1  |
| 1  | 1  | 1  | 1  | 1  |

## Übung 3.8: Merker

**Funktionsplan der Grundstrukturen:**

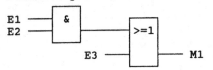

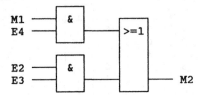

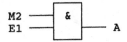

**Funktionstabelle:**

| E4 | E3 | E2 | E1 | M1 | M2 | A |
|----|----|----|----|----|----|---|
| 0 | 0 | 0 | 0 | 0 | 0 | 0 |
| 0 | 0 | 0 | 1 | 0 | 0 | 0 |
| 0 | 0 | 1 | 0 | 0 | 0 | 0 |
| 0 | 0 | 1 | 1 | 1 | 0 | 0 |
| 0 | 1 | 0 | 0 | 1 | 0 | 0 |
| 0 | 1 | 0 | 1 | 1 | 0 | 0 |
| 0 | 1 | 1 | 0 | 1 | 1 | 0 |
| 0 | 1 | 1 | 1 | 1 | 1 | 1 |
| 1 | 0 | 0 | 0 | 0 | 0 | 0 |
| 1 | 0 | 0 | 1 | 0 | 0 | 0 |
| 1 | 0 | 1 | 0 | 0 | 0 | 0 |
| 1 | 0 | 1 | 1 | 1 | 1 | 1 |
| 1 | 1 | 0 | 0 | 1 | 1 | 0 |
| 1 | 1 | 0 | 1 | 1 | 1 | 1 |
| 1 | 1 | 1 | 0 | 1 | 1 | 0 |
| 1 | 1 | 1 | 1 | 1 | 1 | 1 |

**Schaltalgebraischer Ausdruck:**

M1 = E1&E2 v E3
M2 = M1&E4 v E2&E3
A  = M2&E1

**Realisierung mit einer SPS:**

Zuordnung: E1 = E 0.1     A  = A 0.1
           E2 = E 0.2
           E3 = E 0.3     M1 = M 0.1
           E4 = E 0.4     M2 = M 0.2

**Anweisungsliste:**

```
:U   E    0.1     :U   E    0.2
:U   E    0.2     :U   E    0.3
:O   E    0.3     :=   M    0.2
:=   M    0.1     :U   M    0.2
:U   M    0.1     :U   E    0.1
:U   E    0.4     :=   A    0.1
:O                :BE
```

## Übung 3.9: Zerlegung in die Grundstrukturen

**Funktionsplan der Grundstrukturen:**

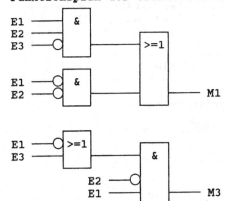

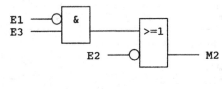

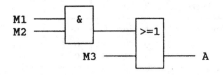

**Funktionstabelle:**

| E3 | E2 | E1 | M1 | M2 | M3 | A |
|----|----|----|----|----|----|---|
| 0  | 0  | 0  | 1  | 1  | 0  | 1 |
| 0  | 0  | 1  | 0  | 1  | 0  | 0 |
| 0  | 1  | 0  | 0  | 0  | 0  | 0 |
| 0  | 1  | 1  | 1  | 1  | 0  | 1 |
| 1  | 0  | 0  | 1  | 1  | 0  | 1 |
| 1  | 0  | 1  | 0  | 1  | 1  | 1 |
| 1  | 1  | 0  | 0  | 1  | 0  | 0 |
| 1  | 1  | 1  | 0  | 0  | 0  | 0 |

**Realisierung mit einer SPS:**

Zuordnung:   E1 = E 0.1     M1 = M 0.1     A = A 0.1
             E2 = E 0.2     M2 = M 0.2
             E3 = E 0.3     M3 = M 0.3

**Anweisungsliste:**

```
:U    E    0.1      :U(
:U    E    0.2      :ON   E    0.1
:UN   E    0.3      :O    E    0.3
:O                  :)
:UN   E    0.1      :UN   E    0.2
:UN   E    0.2      :U    E    0.1
:=    M    0.1      :=    M    0.3
:UN   E    0.1      :U    M    0.1
:U    E    0.3      :U    M    0.2
:ON   E    0.2      :O    M    0.3
:=    M    0.2      :=    A    0.1
                   :BE
```

## Übung 4.1: Ölpumpensteuerung

**Zuordnungstabelle:**

| Eingangsvariable | Betriebsmittel-kennzeichen | Logische Zuordnung | |
|------------------|---------------------------|--------------------|--|
| Schalter 1       | S1                        | Schalter betätigt  | S1 = 1 |
| Schalter 2       | S2                        | Schalter betätigt  | S2 = 1 |
| Bimetallkontakt  | S3                        | Zündflamme an      | S3 = 1 |
| Ausgangsvariable |                           |                    | |
| Pumpe            | A                         | Pumpe ein          | A = 1 |

**Funktionstabelle:**

| Oktal-Nr. | S3 | S2 | S1 | A |
|-----------|----|----|----|---|
| 00        | 0  | 0  | 0  | 0 |
| 01        | 0  | 0  | 1  | 0 |
| 02        | 0  | 1  | 0  | 0 |
| 03        | 0  | 1  | 1  | 0 |
| 04        | 1  | 0  | 0  | 0 |
| 05        | 1  | 0  | 1  | 1 |
| 06        | 1  | 1  | 0  | 1 |
| 07        | 1  | 1  | 1  | 0 |

**Disjunktive Normalform:**

$$A = S3 \& \overline{S2} \& S1 \ v \ S3 \& S2 \& \overline{S1}$$

## Funktionsplan:

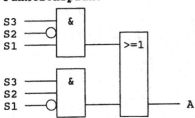

## Realisierung mit einer SPS:
Zuordnung:  S1 = E 0.1      A = A 0.1
            S2 = E 0.2
            S3 = E 0.3

### Anweisungsliste:

| :U  | E | 0.3 | :U  | E | 0.3 |
|-----|---|-----|-----|---|-----|
| :UN | E | 0.2 | :U  | E | 0.2 |
| :U  | E | 0.1 | :UN | E | 0.1 |
| :O  |   |     | :=  | A | 0.1 |
|     |   |     | :BE |   |     |

## Übung 4.2: Tunnelbelüftung

### Funktionstabelle:

| Oktal-Nr. | S3 | S2 | S1 | K1 | K2 | K3 |
|-----------|----|----|----|----|----|----|
| 00 | 0 | 0 | 0 | 0 | 0 | 0 |
| 01 | 0 | 0 | 1 | 1 | 0 | 0 |
| 02 | 0 | 1 | 0 | 1 | 0 | 0 |
| 03 | 0 | 1 | 1 | 0 | 1 | 1 |
| 04 | 1 | 0 | 0 | 1 | 0 | 0 |
| 05 | 1 | 0 | 1 | 0 | 1 | 1 |
| 06 | 1 | 1 | 0 | 0 | 1 | 1 |
| 07 | 1 | 1 | 1 | 1 | 1 | 1 |

## Disjunktive Normalformen:

$$K1 = \overline{S3}\&\overline{S2}\&S1 \lor \overline{S3}\&S2\&\overline{S1} \lor S3\&\overline{S2}\&\overline{S1} \lor S3\&S2\&S1$$

$$K2 = K3 = \overline{S3}\&S2\&S1 \lor S3\&\overline{S2}\&S1 \lor S3\&S2\&\overline{S1} \lor S3\&S2\&S1$$

## Funktionsplan:

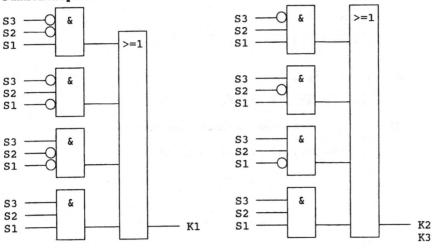

## Realisierung mit einer SPS:
Zuordnung:  S1 = E 0.1      K1 = A 0.1
            S2 = E 0.2      K2 = A 0.2
            S3 = E 0.3      K3 = A 0.3

**Anweisungsliste:**

| | | | | | | | | | | | |
|---|---|---|---|---|---|---|---|---|---|---|---|
| :UN | E | 0.3 | :U | E | 0.3 | :UN | E | 0.3 | :U | E | 0.3 |
| :UN | E | 0.2 | :UN | E | 0.2 | :U | E | 0.2 | :U | E | 0.2 |
| :U | E | 0.1 | :UN | E | 0.1 | :U | E | 0.1 | :UN | E | 0.1 |
| :O | | | :O | | | :O | | | :O | | |
| :UN | E | 0.3 | :U | E | 0.3 | :U | E | 0.3 | :U | E | 0.3 |
| :U | E | 0.2 | :U | E | 0.2 | :UN | E | 0.2 | :U | E | 0.2 |
| :UN | E | 0.1 | :U | E | 0.1 | :U | E | 0.1 | :U | E | 0.1 |
| :O | | | := | A | 0.1 | :O | | | := | A | 0.2 |
| | | | | | | | | | := | A | 0.3 |
| | | | | | | | | | :BE | | |

## Übung 4.3: Reaktionsgefäß

Aus den Einschaltbedingungen lassen sich folgende Zuordnungen ablesen:

Sicherheits-    S: Druck zu groß und Temperatur zu groß oder normal
ventil

$$S= S1\&\overline{S2}\&(S3\&\overline{S4} \text{ v } \overline{S3}\&\overline{S4})$$

Kühlwasser-    K: Temperatur zu groß und Druck zu groß oder normal
zufluß

$$K= S3\&\overline{S4}\&(S1\&\overline{S2} \text{ v } \overline{S1}\&\overline{S2})$$

Heizung    H: Temperatur zu klein und Druck nicht zu groß oder
Druck zu klein und Temperatur normal

$$H= \overline{S3}\&S4\&\overline{S1} \text{ v } S2\&\overline{S1}\&\overline{S3}\&\overline{S4}$$

Umwälzer    U: Kühlwasserzufluß oder Heizung eingeschaltet
U= K v H

Leuchtmelder:

Anfahren    H1: Druck zu klein

$$H1= S2\&\overline{S1}\&\overline{(S3\&S4)} = S2\&\overline{S1}\&(\overline{S3} \text{ v } \overline{S4})$$

Normal    H2: Druck normal

$$H2= \overline{S1}\&\overline{S2}\&\overline{(S3\&S4)} = \overline{S1}\&\overline{S2}\&(\overline{S3} \text{ v } \overline{S4})$$

Alarm    H3: Druck zu groß oder Störung der Geber

$$H3= S1 \text{ v } S1\&S2 \text{ v } S3\&S4 = S1 \text{ v } S3\&S4$$

**Funktionstabelle:**

| S4 | S3 | S2 | S1 | S | K | H | U | H1 | H2 | H3 |
|----|----|----|----|---|---|---|---|----|----|----|
| 0 | 0 | 0 | 0 | 0 | 0 | 0 | 0 | 0 | 1 | 0 |
| 0 | 0 | 0 | 1 | 1 | 0 | 0 | 0 | 0 | 0 | 1 |
| 0 | 0 | 1 | 0 | 0 | 0 | 1 | 1 | 1 | 0 | 0 |
| 0 | 0 | 1 | 1 | 0 | 0 | 0 | 0 | 0 | 0 | 1 |
| 0 | 1 | 0 | 0 | 0 | 1 | 0 | 1 | 0 | 1 | 0 |
| 0 | 1 | 0 | 1 | 1 | 1 | 0 | 1 | 0 | 0 | 1 |
| 0 | 1 | 1 | 0 | 0 | 0 | 0 | 0 | 1 | 0 | 0 |
| 0 | 1 | 1 | 1 | 0 | 0 | 0 | 0 | 0 | 0 | 1 |
| 1 | 0 | 0 | 0 | 0 | 0 | 1 | 1 | 0 | 1 | 0 |
| 1 | 0 | 0 | 1 | 0 | 0 | 0 | 0 | 0 | 0 | 1 |
| 1 | 0 | 1 | 0 | 0 | 0 | 1 | 1 | 1 | 0 | 0 |
| 1 | 0 | 1 | 1 | 0 | 0 | 0 | 0 | 0 | 0 | 1 |
| 1 | 1 | 0 | 0 | 0 | 0 | 0 | 0 | 0 | 0 | 1 |
| 1 | 1 | 0 | 1 | 0 | 0 | 0 | 0 | 0 | 0 | 1 |
| 1 | 1 | 1 | 0 | 0 | 0 | 0 | 0 | 0 | 0 | 1 |
| 1 | 1 | 1 | 1 | 0 | 0 | 0 | 0 | 0 | 0 | 1 |

Für das Steuerungsprogramm werden die aus der Aufgabenstellung auf-
gestellten Funktionsgleichungen verwendet und nicht die Disjunktive
Normalform aus der Funktionstabelle.

**Realisierung mit einer SPS:**
Zuordnung:   S1 = E 0.1      S = A 0.1      H1 = A 0.5
             S2 = E 0.2      K = A 0.2      H2 = A 0.6
             S3 = E 0.3      H = A 0.3      H3 = A 0.7
             S4 = E 0.4      U = A 0.4

**Anweisungsliste:**

| | | | | | | | | | | | | |
|---|---|---|---|---|---|---|---|---|---|---|---|---|
| :U | E | 0.1 | :U( | | | :U | E | 0.2 | :UN | E | 0.1 |
| :UN | E | 0.2 | :U | E | 0.1 | :UN | E | 0.1 | :UN | E | 0.2 |
| :U( | | | :UN | E | 0.2 | :UN | E | 0.3 | :U( | | |
| :U | E | 0.3 | :O | | | :UN | E | 0.4 | :ON | E | 0.3 |
| :UN | E | 0.4 | :UN | E | 0.1 | := | A | 0.3 | :ON | E | 0.4 |
| :O | | | :UN | E | 0.2 | :O | A | 0.2 | :) | | |
| :UN | E | 0.3 | :) | | | :O | A | 0.3 | := | A | 0.6 |
| :UN | E | 0.4 | := | A | 0.2 | := | A | 0.4 | | | |
| :) | | | | | | :U | E | 0.2 | :O | E | 0.1 |
| := | A | 0.1 | :UN | E | 0.3 | :UN | E | 0.1 | :O | | |
| | | | :U | E | 0.4 | :U( | | | :U | E | 0.3 |
| :U | E | 0.3 | :UN | E | 0.1 | :ON | E | 0.3 | :U | E | 0.4 |
| :UN | E | 0.4 | :O | | | :ON | E | 0.4 | := | A | 0.7 |
| | | | | | | :) | | | :BE | | |
| | | | | | | := | A | 0.5 | | | |

**Übung 4.4: Luftschleuse**

Der Türöffner einer Gleittür wird nur dann angesteuert, wenn eine
bestimmte logische Bedingung der Türendschalter erfüllt ist, der
zugehörige Taster betätigt wird und die beiden anderen Taster nicht
betätigt werden. Die logische Bedingung ergibt sich aus den Eingangsvariablen S4, S5 und S6. In der Funktionstabelle wird jeder Tür ein
Merker zugewiesen, dessen Signalzustand angibt, ob die zugehörige Tür
geöffnet werden darf ("1") oder nicht. Bei Kombinationen der Endschal-
ter S4, S5, S6, die nicht vorkommen dürfen, wie alle Türen auf oder
zwei aufeinanderfolgende Türen auf, wird allen Türmerkern M1 ... M3 der
Signalzustand "0" zugewiesen.
Die Eingangsvariablen S1 ... S3 (Taster) brauchen in der Funktionstabelle nicht berücksichtigt zu werden. Bei den Ausgangszuweisungen
werden dann die sich aus der Funktionstabelle ergebenden Variablen

M1 (= M3) bzw. M2 mit der zugehörigen Tastervariablen bejaht und den beiden anderen Tastervariablen negiert "UND"-verknüpft.
Wird die Lösung über eine Funktionstabelle mit 6 Eingangsvariablen bestimmt, so erhält man das gleiche Ergebnis wie mit der zuvor dargestellten Methode.
Da die Lösung über eine Funktionstabelle mit 6 Eingangsvariablen sehr viel umfangreicher ist, wird hier die Lösung über eine Funktionstabelle mit drei Eingangsvariablen dargestellt.

**Funktionstabelle:**

| Oktal-Nr. | S6 | S5 | S4 | M1 | M2 | M3 |
|-----------|----|----|----|----|----|----|
| 00 | 0 | 0 | 0 | 0 | 0 | 0 |
| 01 | 0 | 0 | 1 | 0 | 0 | 0 |
| 02 | 0 | 1 | 0 | 1 | 0 | 1 |
| 03 | 0 | 1 | 1 | 1 | 0 | 1 |
| 04 | 1 | 0 | 0 | 0 | 0 | 0 |
| 05 | 1 | 0 | 1 | 0 | 1 | 0 |
| 06 | 1 | 1 | 0 | 1 | 0 | 1 |
| 07 | 1 | 1 | 1 | 1 | 1 | 1 |

**Disjunktive Normalformen der Merker:**

$$M1 = M3 = \overline{S6}\&S5\&\overline{S4} \ v \ \overline{S6}\&S5\&S4 \ v \ S6\&S5\&\overline{S4} \ v \ S6\&S5\&S4$$

Anmerkung: Da Merker M1 und Merker M3 die gleichen Disjunktiven Normalformen haben, genügt es, nur mit Merker M1 weiterzuarbeiten.

$$M2 = S6\&\overline{S5}\&S4 \ v \ S6\&S5\&S4$$

**Ausgangszuweisungen:**

$$K1 = M1\&S1\&\overline{S2}\&\overline{S3} \qquad K2 = M2\&\overline{S1}\&S2\&\overline{S3} \qquad K3 = M1\&\overline{S1}\&\overline{S2}\&S3$$

**Funktionsplan:**

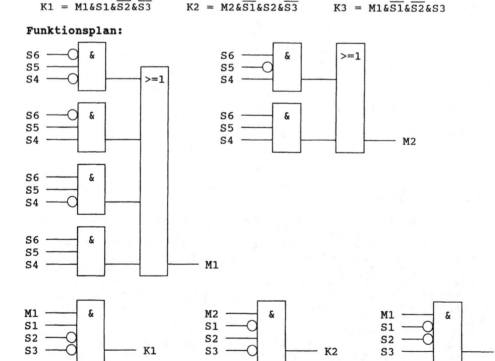

**Realisierung mit einer SPS:**

Zuordnung: S1 = E 0.1    K1 = A 0.1    M1 = M 0.1
           S2 = E 0.2    K2 = A 0.2    M2 = M 0.2
           S3 = E 0.3    K3 = A 0.3
           S4 = E 0.4
           S5 = E 0.5
           S6 = E 0.6

**Anweisungsliste:**

| | | | | | | | | | |
|---|---|---|---|---|---|---|---|---|---|
| :UN | E | 0.6 | :U | E | 0.6 | :U | M | 0.2 |
| :U | E | 0.5 | :UN | E | 0.5 | :UN | E | 0.1 |
| :UN | E | 0.4 | :U | E | 0.4 | :U | E | 0.2 |
| :O | | | :O | | | :UN | E | 0.3 |
| :UN | E | 0.6 | :U | E | 0.6 | := | A | 0.2 |
| :U | E | 0.5 | :U | E | 0.5 | | | |
| :U | E | 0.4 | :U | E | 0.4 | :U | M | 0.1 |
| :O | | | := | M | 0.2 | :UN | E | 0.1 |
| :U | E | 0.6 | | | | :UN | E | 0.2 |
| :U | E | 0.5 | :U | M | 0.1 | :U | E | 0.3 |
| :UN | E | 0.4 | :U | E | 0.1 | := | A | 0.3 |
| :O | | | :UN | E | 0.2 | :BE | | |
| :U | E | 0.6 | :UN | E | 0.3 | | | |
| :U | E | 0.5 | := | A | 0.1 | | | |
| :U | E | 0.4 | | | | | | |
| := | M | 0.1 | | | | | | |

## Übung 4.5: Würfelcodierung

**Zuordnungstabelle:**

| Eingangsvariable | Betriebsmittel-kennzeichen | Logische Zuordnung |
|---|---|---|
| Schalter 1 | S1 | betätigt    S1 = 1 |
| Schalter 2 | S2 | betätigt    S2 = 1 |
| Schalter 3 | S3 | betätigt    S3 = 1 |
| Ausgangsvariable | | |
| Leuchte a | A1 | Leuchte an   A1 = 1 |
| Leuchte b | A2 | Leuchte an   A2 = 1 |
| Leuchte c | A3 | Leuchte an   A3 = 1 |
| Leuchte d | A4 | Leuchte an   A4 = 1 |
| Leuchte e | A5 | Leuchte an   A5 = 1 |
| Leuchte f | A6 | Leuchte an   A6 = 1 |
| Leuchte g | A7 | Leuchte an   A7 = 1 |

**Funktionstabelle:**

| Oktal-Nr. | S3 | S2 | S1 | A1 | A2 | A3 | A4 | A5 | A6 | A7 |
|---|---|---|---|---|---|---|---|---|---|---|
| 00 | 0 | 0 | 0 | 0 | 0 | 0 | 0 | 0 | 0 | 0 |
| 01 | 0 | 0 | 1 | 0 | 0 | 0 | 1 | 0 | 0 | 0 |
| 02 | 0 | 1 | 0 | 1 | 0 | 0 | 0 | 0 | 0 | 1 |
| 03 | 0 | 1 | 1 | 0 | 0 | 1 | 1 | 1 | 0 | 0 |
| 04 | 1 | 0 | 0 | 1 | 0 | 1 | 0 | 1 | 0 | 1 |
| 05 | 1 | 0 | 1 | 1 | 0 | 1 | 1 | 1 | 0 | 1 |
| 06 | 1 | 1 | 0 | 1 | 1 | 1 | 0 | 1 | 1 | 1 |
| 07 | 1 | 1 | 1 | 0 | 0 | 0 | 0 | 0 | 0 | 0 |

**Disjunktive Normalformen:**

$$A1 = A7 = \overline{S3}\&S2\&\overline{S1} \; v \; S3\&\overline{S2}\&\overline{S1} \; v \; S3\&\overline{S2}\&S1 \; v \; S3\&S2\&\overline{S1}$$

$$A2 = A6 = S3\&S2\&\overline{S1}$$

$$A3 = A5 = \overline{S3}\&S2\&S1 \; v \; S3\&\overline{S2}\&\overline{S1} \; v \; S3\&\overline{S2}\&S1 \; v \; S3\&S2\&\overline{S1}$$

$$A4 = \overline{S3}\&\overline{S2}\&S1 \; v \; \overline{S3}\&S2\&S1 \; v \; S3\&\overline{S2}\&S1$$

**Funktionsplan:**

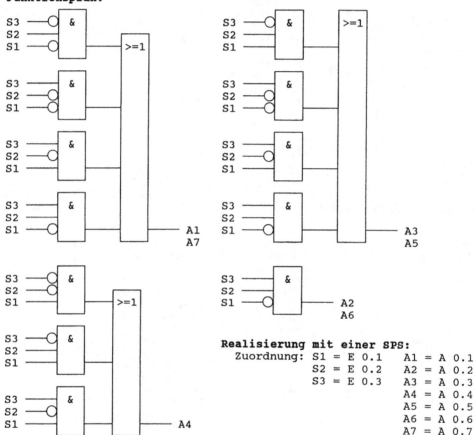

**Realisierung mit einer SPS:**

Zuordnung:
| | |
|---|---|
| S1 = E 0.1 | A1 = A 0.1 |
| S2 = E 0.2 | A2 = A 0.2 |
| S3 = E 0.3 | A3 = A 0.3 |
| | A4 = A 0.4 |
| | A5 = A 0.5 |
| | A6 = A 0.6 |
| | A7 = A 0.7 |

**Anweisungsliste:**

```
:UN  E   0.3    :U   E   0.3                        :O
:U   E   0.2    :U   E   0.2    :O                  :UN  E   0.3
:UN  E   0.1    :UN  E   0.1    :U   E   0.3        :U   E   0.2
:O              :=   A   0.1    :UN  E   0.2        :U   E   0.1
:U   E   0.3    :=   A   0.7    :U   E   0.1        :O
:UN  E   0.2                    :O                  :U   E   0.3
:UN  E   0.1    :UN  E   0.3    :U   E   0.3        :UN  E   0.2
:O              :U   E   0.2    :U   E   0.2        :U   E   0.1
:U   E   0.3    :U   E   0.1    :UN  E   0.1        :=   A   0.4
:UN  E   0.2    :O             :=   A   0.3         :U   E   0.3
:U   E   0.1    :U   E   0.3   :=   A   0.5         :U   E   0.2
:O              :UN  E   0.2                        :UN  E   0.1
                :UN  E   0.1    :UN  E   0.3        :=   A   0.2
                                :UN  E   0.2        :=   A   0.6
                                :U   E   0.1        :BE
```

## Übung 4.6: Durchlauferhitzer I

Da zur Ermittlung der Disjunktiven Normalform für die Ausgangsvariablen
nur die erlaubten Kombinationen erforderlich sind, wird auf die
komplette Darstellung der Funktionstabelle verzichtet. Erlaubt sind
alle Kombinationen, bei denen höchstens zwei Lastabwurfrelais angezogen
haben.

**Reduzierte Funktionstabelle:**

| Oktal-Nr. | S5 | S4 | S3 | S2 | S1 | K1 | K2 | K3 | K4 | K5 |
|-----------|----|----|----|----|----|----|----|----|----|----|
| 07 | 0 | 0 | 1 | 1 | 1 | 0 | 0 | 0 | 1 | 1 |
| 13 | 0 | 1 | 0 | 1 | 1 | 0 | 0 | 1 | 0 | 1 |
| 15 | 0 | 1 | 1 | 0 | 1 | 0 | 1 | 0 | 0 | 1 |
| 16 | 0 | 1 | 1 | 1 | 0 | 1 | 0 | 0 | 0 | 1 |
| 17 | 0 | 1 | 1 | 1 | 1 | 1 | 1 | 1 | 1 | 1 |
| 23 | 1 | 0 | 0 | 1 | 1 | 0 | 0 | 1 | 1 | 0 |
| 25 | 1 | 0 | 1 | 0 | 1 | 0 | 1 | 0 | 1 | 0 |
| 26 | 1 | 0 | 1 | 1 | 0 | 1 | 0 | 0 | 1 | 0 |
| 27 | 1 | 0 | 1 | 1 | 1 | 1 | 1 | 1 | 1 | 1 |
| 31 | 1 | 1 | 0 | 0 | 1 | 0 | 1 | 1 | 0 | 0 |
| 32 | 1 | 1 | 0 | 1 | 0 | 1 | 0 | 1 | 0 | 0 |
| 33 | 1 | 1 | 0 | 1 | 1 | 1 | 1 | 1 | 1 | 1 |
| 34 | 1 | 1 | 1 | 0 | 0 | 1 | 1 | 0 | 0 | 0 |
| 35 | 1 | 1 | 1 | 0 | 1 | 1 | 1 | 1 | 1 | 1 |
| 36 | 1 | 1 | 1 | 1 | 0 | 1 | 1 | 1 | 1 | 1 |
| 37 | 1 | 1 | 1 | 1 | 1 | 1 | 1 | 1 | 1 | 1 |

Da die Minterme bei den Ausgangszuweisungen mehrfach verwendet werden,
empfiehlt sich die Einführung von Merkern, welche je eine erlaubte
Eingangskombination darstellen. Die Bezeichnung der Merker entspricht
der oktalen Nummer der Eingangskombination.

**Disjunktive Normalformen:**
K1 = M16 v M17 v M26 v M27 v M32 v M33 v M34 v M35 v M36 v M37
K2 = M15 v M17 v M25 v M27 v M31 v M33 v M34 v M35 v M36 v M37
K3 = M13 v M17 v M23 v M27 v M31 v M32 v M33 v M35 v M36 v M37
K4 = M7  v M17 v M23 v M25 v M26 v M27 v M33 v M35 v M36 v M37
K5 = M7  v M13 v M15 v M16 v M17 v M27 v M33 v M35 v M36 v M37

**Realisierung mit einer SPS:**
Zuordnung:  S1 = E 0.1    K1 = A 0.1    M7  = M 0.7    M27 = M 2.7
            S2 = E 0.2    K2 = A 0.2    M13 = M 1.3    M31 = M 3.1
            S3 = E 0.3    K3 = A 0.3    M15 = M 1.5    M32 = M 3.2
            S4 = E 0.4    K4 = A 0.4    M16 = M 1.6    M33 = M 3.3
            S5 = E 0.5    K5 = A 0.5    M17 = M 1.7    M34 = M 3.4
                                       M23 = M 2.3    M35 = M 3.5
                                       M25 = M 2.5    M36 = M 3.6
                                       M26 = M 2.6    M37 = M 3.7

**Anweisungsliste:**

```
:UN  E  0.5    :U   E  0.5    :U   E  0.5    :O   M  1.3
:UN  E  0.4    :UN  E  0.4    :U   E  0.4    :O   M  1.7
:U   E  0.3    :U   E  0.3    :U   E  0.3    :O   M  2.3
:U   E  0.2    :U   E  0.2    :U   E  0.2    :O   M  2.7
:U   E  0.1    :UN  E  0.1    :UN  E  0.1    :O   M  3.1
:=   M  0.7    :=   M  2.6    :=   M  3.6    :O   M  3.2
:UN  E  0.5    :U   E  0.5    :U   E  0.5    :O   M  3.3
:U   E  0.4    :UN  E  0.4    :U   E  0.4    :O   M  3.5
:UN  E  0.3    :U   E  0.3    :U   E  0.3    :O   M  3.6
:U   E  0.2    :U   E  0.2    :U   E  0.2    :O   M  3.7
:U   E  0.1    :U   E  0.1    :U   E  0.1    :=   A  0.3
:=   M  1.3    :=   M  2.7    :=   M  3.7
:UN  E  0.5    :U   E  0.5                   :O   M  0.7
:U   E  0.4    :U   E  0.4    :O   M  1.6    :O   M  1.7
:U   E  0.3    :UN  E  0.3    :O   M  1.7    :O   M  2.3
:UN  E  0.2    :UN  E  0.2    :O   M  2.6    :O   M  2.5
:U   E  0.1    :U   E  0.1    :O   M  2.7    :O   M  2.6
:=   M  1.5    :=   M  3.1    :O   M  3.2    :O   M  2.7
:UN  E  0.5    :U   E  0.5    :O   M  3.3    :O   M  3.3
:U   E  0.4    :U   E  0.4    :O   M  3.4    :O   M  3.5
:U   E  0.3    :UN  E  0.3    :O   M  3.5    :O   M  3.6
:U   E  0.2    :U   E  0.2    :O   M  3.6    :O   M  3.7
:UN  E  0.1    :UN  E  0.1    :O   M  3.7    :=   A  0.4
:=   M  1.6    :=   M  3.2    :=   A  0.1
:UN  E  0.5    :U   E  0.5                   :O   M  0.7
:U   E  0.4    :U   E  0.4    :O   M  1.5    :O   M  1.3
:U   E  0.3    :UN  E  0.3    :O   M  1.7    :O   M  1.5
:U   E  0.2    :U   E  0.2    :O   M  2.5    :O   M  1.6
:U   E  0.1    :U   E  0.1    :O   M  2.7    :O   M  1.7
:=   M  1.7    :=   M  3.3    :O   M  3.1    :O   M  2.7
:U   E  0.5    :U   E  0.5    :O   M  3.3    :O   M  3.3
:UN  E  0.4    :U   E  0.4    :O   M  3.4    :O   M  3.5
:UN  E  0.3    :U   E  0.3    :O   M  3.5    :O   M  3.6
:U   E  0.2    :UN  E  0.2    :O   M  3.6    :O   M  3.7
:U   E  0.1    :UN  E  0.1    :O   M  3.7    :=   A  0.5
:=   M  2.3    :=   M  3.4    :=   A  0.2    :BE
:U   E  0.5    :U   E  0.5
:UN  E  0.4    :U   E  0.4
:U   E  0.3    :U   E  0.3
:UN  E  0.2    :UN  E  0.2
:U   E  0.1    :U   E  0.1
:=   M  2.5    :=   M  3.5
```

## Übung 4.7: Behälterfüllanlage

### Zuordnungstabelle

| Eingangsvariable | Betriebsmittel-kennzeichen | Logische Zuordnung | |
|---|---|---|---|
| Halbvollmeldung Beh.1 | S1 | Beh. 1 halbvoll | S1 = 1 |
| Halbvollmeldung Beh.2 | S2 | Beh. 2 halbvoll | S2 = 1 |
| Vollmeldung Beh.1 | S3 | Beh. 1 voll | S3 = 1 |
| Vollmeldung Beh.2 | S4 | Beh. 2 voll | S4 = 1 |
| Ausgangsvariable | | | |
| Pumpe 1 | P1 | Pumpe P1 an | P1 = 1 |
| Pumpe 2 | P2 | Pumpe P2 an | P2 = 1 |
| Pumpe 3 | P3 | Pumpe P3 an | P3 = 1 |
| Meldeleuchte | H1 | Leuchte H1 an | H1 = 1 |

**Entscheidungstabelle:**

| | Problem-beschreibung | Entscheidungsregeln oktal codiert | | | | | | | | | Sonst |
|---|---|---|---|---|---|---|---|---|---|---|---|
| | | 0 | 1 | 2 | 3 | 5 | 7 | 12 | 13 | 17 | |
| Bedin-gungs-teil | B1 halbvoll S1 | 0 | 1 | 0 | 1 | 1 | 1 | 0 | 1 | 1 | |
| | B2 halbvoll S2 | 0 | 0 | 1 | 1 | 0 | 1 | 1 | 1 | 1 | |
| | B1 voll    S3 | 0 | 0 | 0 | 0 | 1 | 1 | 0 | 0 | 1 | |
| | B2 voll    S4 | 0 | 0 | 0 | 0 | 0 | 0 | 1 | 1 | 1 | |
| Aktions-teil | Pumpe 1    P1 | 1 | 1 | 1 | 0 | 1 | 0 | 1 | 0 | 0 | 0 |
| | Pumpe 2    P2 | 1 | 1 | 1 | 1 | 0 | 1 | 0 | 1 | 0 | 0 |
| | Pumpe 3    P3 | 1 | 1 | 1 | 1 | 1 | 0 | 1 | 0 | 0 | 0 |
| | Meldel.    H1 | 0 | 0 | 0 | 0 | 0 | 0 | 0 | 0 | 0 | 1 |

**Disjunktive Normalformen:**

P1 = 0 V 1 V 2 V 5 V 12

P1 = $\overline{S4}$&$\overline{S3}$&$\overline{S2}$&$\overline{S1}$ v $\overline{S4}$&$\overline{S3}$&$\overline{S2}$&S1 v $\overline{S4}$&$\overline{S3}$&S2&$\overline{S1}$ v $\overline{S4}$&S3&$\overline{S2}$&S1 v

  S4&$\overline{S3}$&S2&$\overline{S1}$

P2 = 0 v 1 v 2 v 3 v 7 v 13

P2 = $\overline{S4}$&$\overline{S3}$&$\overline{S2}$&$\overline{S1}$ v $\overline{S4}$&$\overline{S3}$&$\overline{S2}$&S1 v $\overline{S4}$&$\overline{S3}$&S2&$\overline{S1}$ v $\overline{S4}$&$\overline{S3}$&S2&S1 v

  $\overline{S4}$&S3&S2&S1vS4&$\overline{S3}$&S2&S1

P3 = 0 v 1 v 2 v 3 v 5 v 12

P3 = $\overline{S4}$&$\overline{S3}$&$\overline{S2}$&$\overline{S1}$ v $\overline{S4}$&$\overline{S3}$&$\overline{S2}$&S1 v $\overline{S4}$&$\overline{S3}$&S2&$\overline{S1}$ v $\overline{S4}$&$\overline{S3}$&S2&S1 v

  $\overline{S4}$&S3&$\overline{S2}$&S1vS4&$\overline{S3}$&S2&$\overline{S1}$

H1 = 4 v 6 v 10 v 11 v 14 v 15 v 16

H1 = $\overline{S4}$&S3&$\overline{S2}$&$\overline{S1}$ v $\overline{S4}$&S3&S2&$\overline{S1}$ v S4&$\overline{S3}$&$\overline{S2}$&$\overline{S1}$ v S4&$\overline{S3}$&$\overline{S2}$&S1 v

  S4&S3&$\overline{S2}$&$\overline{S1}$ v S4&S3&$\overline{S2}$&S1 v S4&S3&S2&$\overline{S1}$

**Realisierung mit einer SPS:**

Da die Minterme bei den Ausgangszuweisungen mehrfach verwendet werden, empfiehlt sich wieder die Einführung von Merkern, welche je eine Entscheidungsregel darstellen. Die Bezeichnung der Merker entspricht der oktalen Nummer der Eingangskombination.
Zur Ansteuerung der Meldeleuchte H1 können dann alle Merker der Entscheidungsregeln negiert miteinander UND-verknüpft werden.

H1 = $\overline{0}$ & $\overline{1}$ & $\overline{2}$ & $\overline{3}$ & $\overline{5}$ & $\overline{7}$ & $\overline{12}$ & $\overline{13}$ & $\overline{17}$

Zuordnung:   S1 = E 0.1     P1 = A 0.1
             S2 = E 0.2     P2 = A 0.2
             S3 = E 0.3     P3 = A 0.3
             S4 = E 0.4     H1 = A 0.4

**Anweisungsliste:**

| | | | | | | | | | | | |
|---|---|---|---|---|---|---|---|---|---|---|---|
| :UN | E | 0.4 | :UN | E | 0.4 | :U | E | 0.4 | :O | M | 0.0 |
| :UN | E | 0.3 | :U | E | 0.3 | :U | E | 0.3 | :O | M | 0.1 |
| :UN | E | 0.2 | :UN | E | 0.2 | :U | E | 0.2 | :O | M | 0.2 |
| :UN | E | 0.1 | :U | E | 0.1 | :U | E | 0.1 | :O | M | 0.3 |
| := | M | 0.0 | := | M | 0.5 | := | M | 1.7 | :O | M | 0.5 |
| :UN | E | 0.4 | :UN | E | 0.4 | | | | :O | M | 1.2 |
| :UN | E | 0.3 | :U | E | 0.3 | :O | M | 0.0 | := | A | 0.3 |
| :UN | E | 0.2 | :U | E | 0.2 | :O | M | 0.1 | | | |
| :U | E | 0.1 | :U | E | 0.1 | :O | M | 0.2 | :UN | M | 0.0 |
| := | M | 0.1 | := | M | 0.7 | :O | M | 0.5 | :UN | M | 0.1 |
| :UN | E | 0.4 | :U | E | 0.4 | :O | M | 1.2 | :UN | M | 0.2 |
| :UN | E | 0.3 | :UN | E | 0.3 | := | A | 0.1 | :UN | M | 0.3 |
| :U | E | 0.2 | :U | E | 0.2 | | | | :UN | M | 0.5 |
| :UN | E | 0.1 | :UN | E | 0.1 | :O | M | 0.0 | :UN | M | 0.7 |
| := | M | 0.2 | := | M | 1.2 | :O | M | 0.1 | :UN | M | 1.2 |
| :UN | E | 0.4 | :U | E | 0.4 | :O | M | 0.2 | :UN | M | 1.3 |
| :UN | E | 0.3 | :UN | E | 0.3 | :O | M | 0.3 | :UN | M | 1.7 |
| :U | E | 0.2 | :U | E | 0.2 | :O | M | 0.7 | := | A | 0.4 |
| :U | E | 0.1 | :U | E | 0.1 | :O | M | 1.3 | :BE | | |
| := | M | 0.3 | := | M | 1.3 | := | A | 0.2 | | | |

## Übung 4.8: 7-Segment-Anzeige I

**Funktionstabelle:**

| Oktal-Nr. | E4 | E3 | E2 | E1 | A1 | A2 | A3 | A4 | A5 | A6 | A7 |
|---|---|---|---|---|---|---|---|---|---|---|---|
| 00 | 0 | 0 | 0 | 0 | 1 | 1 | 1 | 1 | 1 | 1 | 0 |
| 01 | 0 | 0 | 0 | 1 | 0 | 1 | 1 | 0 | 0 | 0 | 0 |
| 02 | 0 | 0 | 1 | 0 | 1 | 1 | 0 | 1 | 1 | 0 | 1 |
| 03 | 0 | 0 | 1 | 1 | 1 | 1 | 1 | 1 | 0 | 0 | 1 |
| 04 | 0 | 1 | 0 | 0 | 0 | 1 | 1 | 0 | 0 | 1 | 1 |
| 05 | 0 | 1 | 0 | 1 | 1 | 0 | 1 | 1 | 0 | 1 | 1 |
| 06 | 0 | 1 | 1 | 0 | 1 | 0 | 1 | 1 | 1 | 1 | 1 |
| 07 | 0 | 1 | 1 | 1 | 1 | 1 | 1 | 0 | 0 | 0 | 0 |
| 10 | 1 | 0 | 0 | 0 | 1 | 1 | 1 | 1 | 1 | 1 | 1 |
| 11 | 1 | 0 | 0 | 1 | 1 | 1 | 1 | 0 | 0 | 1 | 1 |

**Konjunktive Normalformen:**

$A1 = (E4 \lor E3 \lor E2 \lor \overline{E1}) \ \& \ (E4 \lor \overline{E3} \lor E2 \lor E1)$

$A2 = (E4 \lor \overline{E3} \lor E2 \lor \overline{E1}) \ \& \ (E4 \lor \overline{E3} \lor \overline{E2} \lor E1)$

$A3 = (E4 \lor E3 \lor \overline{E2} \lor E1)$

$A4 = (E4 \lor E3 \lor E2 \lor \overline{E1}) \ \& \ (E4 \lor \overline{E3} \lor E2 \lor E1) \ \& \ (E4 \lor \overline{E3} \lor \overline{E2} \lor \overline{E1}) \ \& \ (\overline{E4} \lor E3 \lor E2 \lor \overline{E1})$

$A5 = (E4 \lor E3 \lor E2 \lor \overline{E1}) \ \& \ (E4 \lor E3 \lor \overline{E2} \lor \overline{E1}) \ \& \ (E4 \lor \overline{E3} \lor E2 \lor E1) \ \& \ (E4 \lor \overline{E3} \lor E2 \lor \overline{E1}) \ \&$

$\quad (E4 \lor \overline{E3} \lor \overline{E2} \lor E1) \ \& \ (\overline{E4} \lor E3 \lor E2 \lor E1)$

$A6 = (E4 \lor E3 \lor E2 \lor \overline{E1}) \ \& \ (E4 \lor E3 \lor \overline{E2} \lor E1) \ \& \ (E4 \lor E3 \lor \overline{E2} \lor \overline{E1}) \ \& \ (E4 \lor \overline{E3} \lor E2 \lor \overline{E1})$

$A7 = (E4 \lor E3 \lor E2 \lor E1) \ \& \ (E4 \lor E3 \lor E2 \lor \overline{E1}) \ \& \ (E4 \lor \overline{E3} \lor E2 \lor E1)$

**Funktionsplan:**

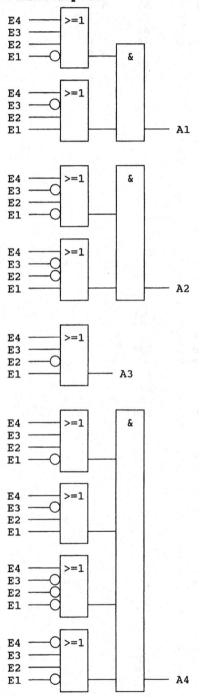

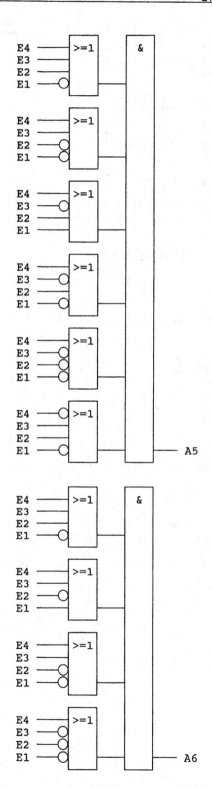

**Realisierung mit einer SPS:**

Zuordnung:  E1 = E 0.1    A1 = A 0.1
            E2 = E 0.2    A2 = A 0.2
            E3 = E 0.3    A3 = A 0.3
            E4 = E 0.4    A4 = A 0.4
                          A5 = A 0.5
                          A6 = A 0.6
                          A7 = A 0.7

**Anweisungsliste:**

```
:U(                :U(                :U(                :U(
:O   E   0.4       :O   E   0.4       :O   E   0.4       :O   E   0.4
:O   E   0.3       :O   E   0.3       :O   E   0.3       :O   E   0.3
:O   E   0.2       :O   E   0.2       :ON  E   0.2       :ON  E   0.2
:ON  E   0.1       :ON  E   0.1       :ON  E   0.1       :O   E   0.1
:)                 :)                 :)                 :)
:U(                :U(                :U(                :U(
:O   E   0.4       :O   E   0.4       :O   E   0.4       :O   E   0.4
:ON  E   0.3       :ON  E   0.3       :ON  E   0.3       :O   E   0.3
:O   E   0.2       :O   E   0.2       :O   E   0.2       :ON  E   0.2
:O   E   0.1       :O   E   0.1       :O   E   0.1       :ON  E   0.1
:)                 :)                 :)                 :)
:=   A   0.1       :U(                :U(                :U(
                   :O   E   0.4       :O   E   0.4       :O   E   0.4
:U(                :ON  E   0.3       :ON  E   0.3       :ON  E   0.3
:O   E   0.4       :ON  E   0.2       :O   E   0.2       :ON  E   0.2
:ON  E   0.3       :ON  E   0.1       :ON  E   0.1       :ON  E   0.1
:O   E   0.2       :)                 :)                 :)
:ON  E   0.1       :U(                :U(                :=   A   0.6
:)                 :ON  E   0.4       :O   E   0.4
:U(                :O   E   0.3       :ON  E   0.3       :U(
:O   E   0.4       :O   E   0.2       :ON  E   0.2       :O   E   0.4
:ON  E   0.3       :ON  E   0.1       :ON  E   0.1       :O   E   0.3
:ON  E   0.2       :)                 :)                 :O   E   0.2
:O   E   0.1       :=   A   0.4       :U(                :O   E   0.1
:)                                    :ON  E   0.4       :)
:=   A   0.2       :U(                :O   E   0.3       :U(
                   :O   E   0.4       :O   E   0.2       :O   E   0.4
:O   E   0.4       :O   E   0.3       :ON  E   0.1       :O   E   0.3
:O   E   0.3       :O   E   0.2       :)                 :O   E   0.2
:ON  E   0.2       :ON  E   0.1       :=   A   0.5       :ON  E   0.1
:O   E   0.1       :)                                    :)
:=   A   0.3                          :U(                :U(
                                      :O   E   0.4       :O   E   0.4
                                      :O   E   0.3       :ON  E   0.3
                                      :O   E   0.2       :ON  E   0.2
                                      :ON  E   0.1       :ON  E   0.1
                                      :)                 :)
                                                         :=   A   0.7
                                                         :BE
```

## Übung 4.9: 7-Segment-Anzeige II

**KVS-Diagramme:**

Segment a A1: siehe Lehrbuch, S.52          Segment b A2:

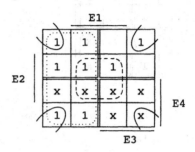

$$A2 = \overline{E3} \vee E2\&E1 \vee \overline{E2}\&\overline{E1}$$

Segment c A3:                               Segment d A4:

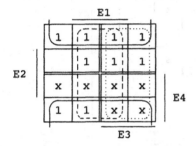     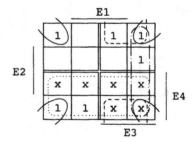

$$A3 = E1 \vee \overline{E2} \vee E3$$

$$A4 = \overline{E3}\&\overline{E1} \vee \overline{E3}\&E2 \vee E2\&\overline{E1} \vee E3\overline{E2}E1$$

Segment e A5:                               Segment f A6:

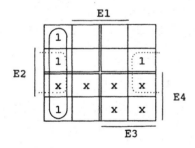

$$A5 = \overline{E3}\&\overline{E1} \vee E2\&\overline{E1}$$

$$A6 = E4 \vee E3\&\overline{E2} \vee \overline{E2}\&\overline{E1} \vee E3\overline{E1}$$

Segment g A7:

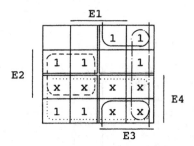

$$A7 = E4 \text{ v } \overline{E3}\&E2 \text{ v } E3\&\overline{E2} \text{ v } E3\&\overline{E1}$$

**Funktionsplan:**

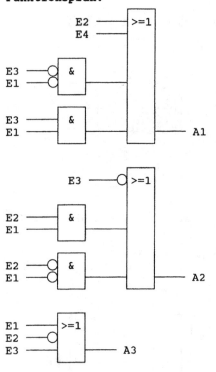

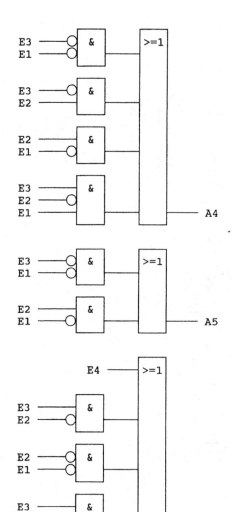

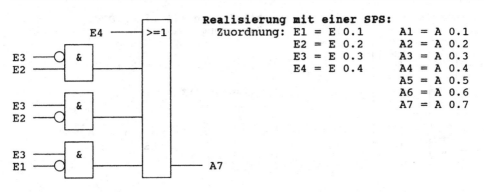

**Realisierung mit einer SPS:**

Zuordnung: 
| | | |
|---|---|---|
| E1 = E 0.1 | A1 = A 0.1 |
| E2 = E 0.2 | A2 = A 0.2 |
| E3 = E 0.3 | A3 = A 0.3 |
| E4 = E 0.4 | A4 = A 0.4 |
| | A5 = A 0.5 |
| | A6 = A 0.6 |
| | A7 = A 0.7 |

## Anweisungsliste:

| | | | | | | | | | | | |
|---|---|---|---|---|---|---|---|---|---|---|---|
| :O | E | 0.2 | :O | E | 0.1 | :UN | E | 0.3 | :O | E | 0.4 |
| :O | E | 0.4 | :ON | E | 0.2 | :UN | E | 0.1 | :O | | |
| :O | | | :O | E | 0.3 | :O | | | :UN | E | 0.3 |
| :UN | E | 0.3 | := | A | 0.3 | :U | E | 0.2 | :U | E | 0.2 |
| :UN | E | 0.1 | | | | :UN | E | 0.1 | :O | | |
| :O | | | :UN | E | 0.3 | := | A | 0.5 | :U | E | 0.3 |
| :U | E | 0.3 | :UN | E | 0.1 | | | | :UN | E | 0.2 |
| :U | E | 0.1 | :O | | | :O | E | 0.4 | :O | | |
| := | A | 0.1 | :UN | E | 0.3 | :O | | | :U | E | 0.3 |
| | | | :U | E | 0.2 | :U | E | 0.3 | :UN | E | 0.1 |
| :ON | E | 0.3 | :O | | | :UN | E | 0.2 | := | A | 0.7 |
| :O | | | :U | E | 0.2 | :O | | | :BE | | |
| :U | E | 0.2 | :UN | E | 0.1 | :UN | E | 0.2 | | | |
| :U | E | 0.1 | :O | | | :UN | E | 0.1 | | | |
| :O | | | :U | E | 0.3 | :O | | | | | |
| :UN | E | 0.2 | :UN | E | 0.2 | :U | E | 0.3 | | | |
| :UN | E | 0.1 | :U | E | 0.1 | :UN | E | 0.1 | | | |
| := | A | 0.2 | := | A | 0.4 | := | A | 0.6 | | | |

## Übung 4.10. Gefahrenmelder

**Funktionstabelle:**

| Oktal-Nr. | S3 | S2 | S1 | A |
|---|---|---|---|---|
| 00 | 0 | 0 | 0 | 0 |
| 01 | 0 | 0 | 1 | 0 |
| 02 | 0 | 1 | 0 | 0 |
| 03 | 0 | 1 | 1 | 1 |
| 04 | 1 | 0 | 0 | 0 |
| 05 | 1 | 0 | 1 | 1 |
| 06 | 1 | 1 | 0 | 1 |
| 07 | 1 | 1 | 1 | 1 |

**Disjunktive Normalform:**

$$A = \overline{S3}\&S2\&S1 \lor S3\&\overline{S2}\&S1 \lor$$

$$S3\&S2\&\overline{S1} \lor S3\&S2\&S1$$

**KVS-Diagramm:**

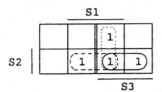

**Vereinfachte Schaltfunktion:**
A= S2&S1 v S3&S1 v S3S2

**Funktionsplan:**

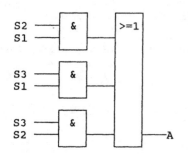

**Realisierung mit einer SPS:**
Zuordnung: S1 = E 0.1
S2 = E 0.2
S3 = E 0.3
A  = A 0.1

**Anweisungsliste:**

| :U | E | 0.2 | :U | E | 0.3 |
|----|---|-----|----|---|-----|
| :U | E | 0.1 | :U | E | 0.2 |
| :O |   |     | := | A | 0.1 |
| :U | E | 0.3 | :BE |  |    |
| :U | E | 0.1 |    |   |     |
| :O |   |     |    |   |     |

## Übung 4.11. Tunnelbelüftung

**Funktionstabelle:**

| Oktal-Nr. | S3 S2 S1 | K1 K2 K3 |
|-----------|----------|----------|
| 00 | 0  0  0 | 1  1  1 |
| 01 | 0  0  1 | 0  1  1 |
| 02 | 0  1  0 | 0  1  1 |
| 03 | 0  1  1 | 1  0  0 |
| 04 | 1  0  0 | 0  1  1 |
| 05 | 1  0  1 | 1  0  0 |
| 06 | 1  1  0 | 1  0  0 |
| 07 | 1  1  1 | 0  0  0 |

**Disjunktive Normalformen:**

$$K1 = \overline{S3}\&\overline{S2}\&\overline{S1} \ v \ \overline{S3}\&S2\&S1 \ v \ S3\&\overline{S2}\&S1 \ v \ S3\&S2\&\overline{S1}$$

$$K2 = K3 = \overline{S3}\&\overline{S2}\&\overline{S1} \ v \ \overline{S3}\&\overline{S2}\&S1 \ v \ \overline{S3}\&S2\&\overline{S1} \ v \ S3\&\overline{S2}\&\overline{S1}$$

**KVS-Diagramme:**

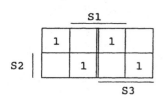

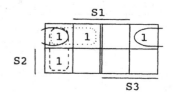

keine Zusammenfassung für K1 möglich

$$K2 = K3 = \overline{S2}\&\overline{S1} \ v \ \overline{S3}\&\overline{S1} \ v \ \overline{S3}\&\overline{S2}$$

**Funktionsplan:**

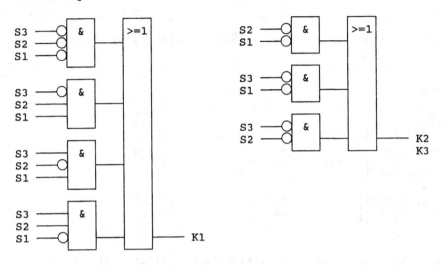

**Realisierung mit einer SPS:**

Zuordnung:  S1 = E 0.1     K1 = A 0.1
            S2 = E 0.2     K2 = A 0.2
            S3 = E 0.3     K3 = A 0.3

**Anweisungsliste:**

| | | | | | | | | |
|---|---|---|---|---|---|---|---|---|
| :UN | E | 0.3 | :U  | E | 0.3 | :UN | E | 0.3 |
| :UN | E | 0.2 | :UN | E | 0.2 | :UN | E | 0.1 |
| :UN | E | 0.1 | :U  | E | 0.1 | :O  |   |     |
| :O  |   |     | :O  |   |     | :UN | E | 0.3 |
| :UN | E | 0.3 | :U  | E | 0.3 | :UN | E | 0.2 |
| :U  | E | 0.2 | :U  | E | 0.2 | :=  | A | 0.2 |
| :U  | E | 0.1 | :UN | E | 0.1 | :=  | A | 0.3 |
| :O  |   |     | :=  | A | 0.1 | :BE |   |     |
|     |   |     | :UN | E | 0.2 |     |   |     |
|     |   |     | :UN | E | 0.1 |     |   |     |
|     |   |     | :O  |   |     |     |   |     |

**Übung 4.12. Generator**

**Funktionstabelle:**

| Oktal-Nr. | S4 | S3 | S2 | S1 | A |
|---|---|---|---|---|---|
| 00 | 0 | 0 | 0 | 0 | 0 |
| 01 | 0 | 0 | 0 | 1 | 0 |
| 02 | 0 | 0 | 1 | 0 | 0 |
| 03 | 0 | 0 | 1 | 1 | 0 |
| 04 | 0 | 1 | 0 | 0 | 0 |
| 05 | 0 | 1 | 0 | 1 | 1 |
| 06 | 0 | 1 | 1 | 0 | 1 |
| 07 | 0 | 1 | 1 | 1 | 1 |
| 10 | 1 | 0 | 0 | 0 | 1 |
| 11 | 1 | 0 | 0 | 1 | 1 |
| 12 | 1 | 0 | 1 | 0 | 1 |
| 13 | 1 | 0 | 1 | 1 | 1 |
| 14 | 1 | 1 | 0 | 0 | 1 |
| 15 | 1 | 1 | 0 | 1 | 1 |
| 16 | 1 | 1 | 1 | 0 | 1 |
| 17 | 1 | 1 | 1 | 1 | 1 |

**Disjunktive Normalform:**

$A = \overline{S4}\&S3\&\overline{S2}\&S1 \lor \overline{S4}\&S3\&S2\&\overline{S1} \lor \overline{S4}\&S3\&S2\&S1 \lor S4\&\overline{S3}\&\overline{S2}\&\overline{S1} \lor S4\&\overline{S3}\&\overline{S2}\&S1$

$S4\&\overline{S3}\&S2\&\overline{S1} \lor S4\&\overline{S3}\&S2\&S1 \lor S4\&S3\&\overline{S2}\&\overline{S1} \lor S4\&S3\&\overline{S2}\&S1 \lor S4\&S3\&S2\&\overline{S1}$

$S4\&S3\&S2\&S1$

**KVS-Diagramm:**                          **Funktionsplan:**

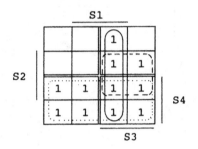

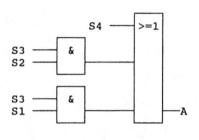

**Vereinfachte Schaltfunktion:**          **Realisierung mit einer SPS:**
  $A = S4 \lor S3\&S2 \lor S3\&S1$          Zuordnung: S1 = E 0.1    A  = A 0.1
                                                      S2 = E 0.2
                                                      S3 = E 0.3
                                                      S4 = E 0.4

**Anweisungsliste:**
```
:O    E    0.4    :O
:O                :U   E    0.3
:U    E    0.3    :U   E    0.1
:U    E    0.2    :=   A    0.1
                  :BE
```

**Übung 4.13: Durchlauferhitzer II**

**Funktionstabelle:**

| Oktal-Nr. | S5 | S4 | S3 | S2 | S1 | K1 | K2 | K3 | K4 | K5 |
|-----------|----|----|----|----|----|----|----|----|----|----|
| 07        | 0  | 0  | 1  | 1  | 1  | 0  | 0  | 0  | 1  | 1  |
| 13        | 0  | 1  | 0  | 1  | 1  | 0  | 0  | 1  | 0  | 1  |
| 15        | 0  | 1  | 1  | 0  | 1  | 0  | 1  | 0  | 0  | 1  |
| 16        | 0  | 1  | 1  | 1  | 0  | 1  | 0  | 0  | 0  | 1  |
| 17        | 0  | 1  | 1  | 1  | 1  | 1  | 1  | 1  | 1  | 1  |
| 23        | 1  | 0  | 0  | 1  | 1  | 0  | 0  | 1  | 1  | 0  |
| 25        | 1  | 0  | 1  | 0  | 1  | 0  | 1  | 0  | 1  | 0  |
| 26        | 1  | 0  | 1  | 1  | 0  | 1  | 0  | 0  | 1  | 0  |
| 27        | 1  | 0  | 1  | 1  | 1  | 1  | 1  | 1  | 1  | 1  |
| 31        | 1  | 1  | 0  | 0  | 1  | 0  | 1  | 1  | 0  | 0  |
| 32        | 1  | 1  | 0  | 1  | 0  | 1  | 0  | 1  | 0  | 0  |
| 33        | 1  | 1  | 0  | 1  | 1  | 1  | 1  | 1  | 1  | 1  |
| 34        | 1  | 1  | 1  | 0  | 0  | 1  | 1  | 0  | 0  | 0  |
| 35        | 1  | 1  | 1  | 0  | 1  | 1  | 1  | 1  | 1  | 1  |
| 36        | 1  | 1  | 1  | 1  | 0  | 1  | 1  | 1  | 1  | 1  |
| 37        | 1  | 1  | 1  | 1  | 1  | 1  | 1  | 1  | 1  | 1  |

Auch bei der Minimierung mit einem KVS-Diagramm ist es möglich, von der
verkürzten Funktionstabelle auszugehen. Die nicht aufgeführten Felder
werden mit "0" belegt.

**KVS-Diagramme:**
Ausgangsvariable K1:

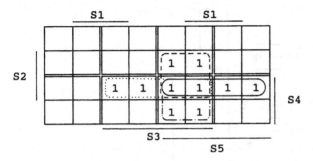

K1 = S5&S4&S3 ∨ S5&S4&S2 ∨ S5&S3&S2 ∨ S4&S3&S2

Ausgangsvariable K2:

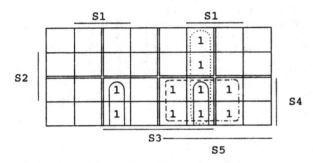

K2 = S5&S4&S3 ∨ S5&S4&S1 ∨ S5&S3&S1 ∨ S4&S3&S1

Die verkürzten Schaltfunktionen für die weiteren Ausgangsvariablen
ergeben sich aus der Systematik der bereits gefundenen Zuordnungen.

K3 = S5&S4&S2 ∨ S5&S4&S1 ∨ S5&S2&S1 ∨ S4&S2&S1
K4 = S5&S3&S2 ∨ S5&S2&S1 ∨ S5&S3&S1 ∨ S3&S2&S1
K5 = S4&S3&S2 ∨ S4&S3&S1 ∨ S4&S2&S1 ∨ S3&S2&S1

**Funktionsplan:**

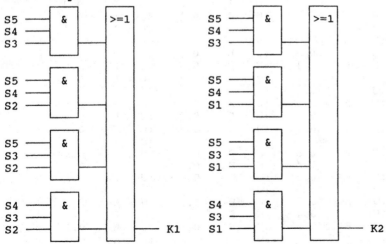

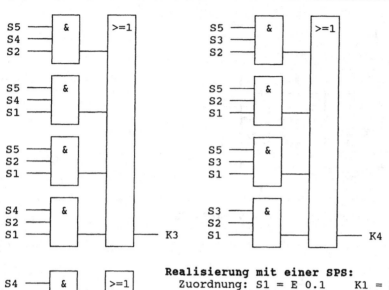

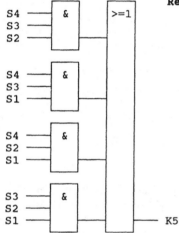

**Realisierung mit einer SPS:**

Zuordnung:  S1 = E 0.1    K1 = A 0.1
            S2 = E 0.2    K2 = A 0.2
            S3 = E 0.3    K3 = A 0.3
            S4 = E 0.4    K4 = A 0.4
            S5 = E 0.5    K5 = A 0.5

**Anweisungsliste:**

```
:U  E  0.5     :U  E  0.5     :U  E  0.5     :U  E  0.3
:U  E  0.4     :U  E  0.4     :U  E  0.2     :U  E  0.2
:U  E  0.3     :U  E  0.1     :U  E  0.1     :U  E  0.1
:O             :O             :O             :=  A  0.4
:U  E  0.5     :U  E  0.5     :U  E  0.4
:U  E  0.4     :U  E  0.3     :U  E  0.2     :U  E  0.4
:U  E  0.2     :U  E  0.1     :U  E  0.1     :U  E  0.3
:O             :O             :=  A  0.3     :U  E  0.2
:U  E  0.5     :U  E  0.4                    :O
:U  E  0.3     :U  E  0.3     :U  E  0.5     :U  E  0.4
:U  E  0.2     :U  E  0.1     :U  E  0.3     :U  E  0.3
:O             :=  A  0.2     :U  E  0.2     :U  E  0.1
:U  E  0.4                    :O             :O
:U  E  0.3     :U  E  0.5     :U  E  0.5     :U  E  0.4
:U  E  0.2     :U  E  0.4     :U  E  0.2     :U  E  0.2
:=  A  0.1     :U  E  0.2     :U  E  0.1     :U  E  0.1
               :O             :O             :O
:U  E  0.5     :U  E  0.5     :U  E  0.5     :U  E  0.3
:U  E  0.4     :U  E  0.4     :U  E  0.3     :U  E  0.2
:U  E  0.3     :U  E  0.1     :U  E  0.1     :U  E  0.1
:O             :O             :O             :=  A  0.5
                                             :BE
```

## Übung 4.14: Behälterfüllanlage II

**Disjunktive Normalformen:**

```
P1 = 0 v 1 v 2 v 5 v 12
P2 = 0 v 1 v 2 v 3 v 7 v 13
P3 = 0 v 1 v 2 v 3 v 5 v 12
H1 = 4 v 6 v 10 v 11 v 14 v 15 v 16
```

**KVS-Diagramme:**

Pumpe P1:

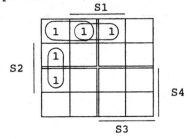

Pumpe P2:

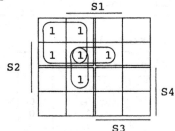

P1 = S1&$\overline{S2}$&$\overline{S4}$ v $\overline{S2}$&$\overline{S3}$&$\overline{S4}$ v $\overline{S1}$&S2&$\overline{S3}$

P2 = $\overline{S3}$&$\overline{S4}$ v S1&S2&$\overline{S4}$ v S1&S2&$\overline{S3}$

Pumpe P3:

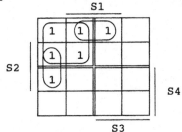

Meldeleuchte H1:

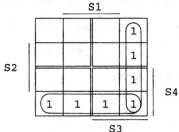

P3 = $\overline{S3}$&$\overline{S4}$ v S1&$\overline{S2}$&$\overline{S4}$ v $\overline{S1}$&S2&$\overline{S3}$

H1 = $\overline{S1}$&S3 v $\overline{S2}$&S4

**Realisierung mit einer SPS:**

```
Zuordnung:   S1 = E 0.1      P1 = A 0.1
             S2 = E 0.2      P2 = A 0.2
             S3 = E 0.3      P3 = A 0.3
             S4 = E 0.4      H1 = A 0.4
```

**Anweisungsliste:**

```
:U    E    0.1    :UN   E    0.3    :U    E    0.1
:UN   E    0.2    :UN   E    0.4    :UN   E    0.2
:UN   E    0.4    :O               :UN   E    0.4
:O                :U    E    0.1    :O
:UN   E    0.2    :U    E    0.2    :UN   E    0.1
:UN   E    0.3    :UN   E    0.4    :U    E    0.2
:UN   E    0.4    :O               :UN   E    0.3
:O                :U    E    0.1    :=    A    0.3
:UN   E    0.1    :U    E    0.2    :UN   E    0.1
:U    E    0.2    :UN   E    0.3    :U    E    0.3
:UN   E    0.3    :=    A    0.2    :O
:=    A    0.1                      :UN   E    0.2
                  :UN   E    0.3    :U    E    0.4
                  :UN   E    0.4    :=    A    0.4
                  :O               :BE
```

### Übung 5.1: Sammelbecken

**Zuordnungstabelle:**

| Eingangsvariable | Betriebsmittel-kennzeichen | Logische Zuordnung |
|---|---|---|
| Unterer Signalgeber<br>Oberer Signalgeber | S1<br>S2 | Behälter entleert   S1 = 0<br>Behälter gefüllt    S2 = 1 |
| Ausgangsvariable | | |
| Ablaufventil | Y | Ablaufventil offen  Y = 1 |

**Funktionstabelle:**

| Zeile | Yv S2 S1 | Yn |
|---|---|---|
| 0 | 0  0  0 | 0 |
| 1 | 0  0  1 | 0 |
| 2 | 0  1  0 | 0 |
| 3 | 0  1  1 | 1 |
| 4 | 1  0  0 | 0 |
| 5 | 1  0  1 | 1 |
| 6 | 1  1  0 | 1 |
| 7 | 1  1  1 | 1 |

Index
  v = vorher
  n = nachher

**Schaltfunktion nach der DNF:**

$$A = \overline{Y}\&S2\&S1 \lor Y\&\overline{S2}\&S1 \lor Y\&S2\&\overline{S1} \lor Y\&S2\&S1$$

**KVS-Diagramm:**

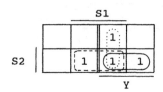

**Funktionsplan:**

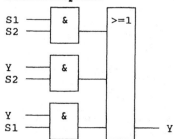

**Vereinfachte Schaltfunktion:**
  $Y = S2\&S1 \lor Y\&S2 \lor Y\&S1$

**Realisierung mit einer SPS:**
  Zuordnung: S1 = E 0.1
             S2 = E 0.2
             Y  = A 0.0

**Anweisungsliste:**

```
:U   E    0.1      :O
:U   E    0.2      :U   A    0.0
:O                 :U   E    0.1
:U   A    0.0      :=   A    0.0
:U   E    0.2      :BE
```

## Übung 5.2: Überwachungseinrichtung

Setzen des Meldesignals:     $A_S = \overline{S1}\&\overline{S2}\&\overline{S3}$
Rücksetzen des Meldesignals: $A_R = S4\&(S1 \vee S2 \vee S3)$

**Funktionsplan:**

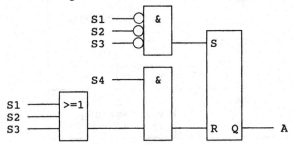

**Realisierung mit einer SPS:**
   Zuordnung: S1 = E 0.1    A = A 0.0
              S2 = E 0.2
              S3 = E 0.3
              S4 = E 0.4

Anweisungsliste:

| | | | | | |
|---|---|---|---|---|---|
| :UN | E | 0.1 | :O | E | 0.1 |
| :UN | E | 0.2 | :O | E | 0.2 |
| :UN | E | 0.3 | :O | E | 0.3 |
| :S | A | 0.0 | :) | | |
| :U | E | 0.4 | :R | A | 0.0 |
| :U( | | | :BE | | |

## Übung 5.3: Selektive Bandweiche

Setzen des Ausgangssignals:     $Y_S = S3\&S2\&S1$

Rücksetzen des Ausgangssignals: $Y_R = \overline{S3}\&S2\&\overline{S1}$

**Funktionsplan:**

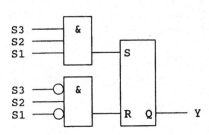

**Realisierung mit einer SPS:**
   Zuordnung: S1 = E 0.1    Y = A 0.0
              S2 = E 0.2
              S3 = E 0.3

**Anweisungsliste:**

| | | |
|---|---|---|
| :U | E | 0.3 |
| :U | E | 0.2 |
| :U | E | 0.1 |
| :S | A | 0.0 |
| :UN | E | 0.3 |
| :U | E | 0.2 |
| :UN | E | 0.1 |
| :R | A | 0.0 |
| :BE | | |

## Übung 5.4: Behälter-Füllanlage I

**Lösungshilfe:**

| Zu betätigende Ausgänge oder Merker | Variablen für "Setzen" | Variablen für "Rücksetzen" |
|---|---|---|
| Ventil Behälter 1   Y1 | S2 | S1<br>Verriegelungen:<br>Y2 & Y3 |
| Ventil Behälter 2   Y2 | S4 | S3<br>Verriegelungen:<br>Y1 & Y3 |
| Ventil Behälter 3   Y3 | S6 | S5<br>Verriegelungen:<br>Y1 & Y2 |

**Funktionsplan:**

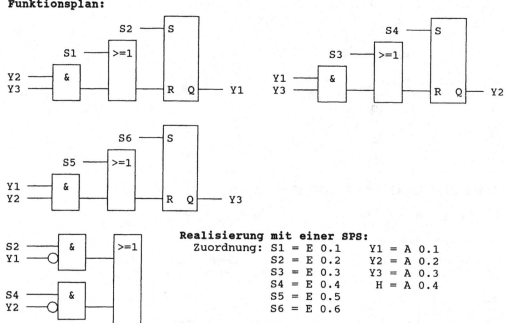

**Realisierung mit einer SPS:**

Zuordnung:  S1 = E 0.1     Y1 = A 0.1
            S2 = E 0.2     Y2 = A 0.2
            S3 = E 0.3     Y3 = A 0.3
            S4 = E 0.4      H = A 0.4
            S5 = E 0.5
            S6 = E 0.6

**Anweisungsliste:**

```
:U   E    0.2     :U   E    0.4     :U   E    0.6     :U   E    0.2
:S   A    0.1     :S   A    0.2     :S   A    0.3     :UN  A    0.1
:O   E    0.1     :O   E    0.3     :O   E    0.5     :O
:O                :O                :O                :U   E    0.4
:U   A    0.2     :U   A    0.1     :U   A    0.1     :UN  A    0.2
:U   A    0.3     :U   A    0.3     :U   A    0.2     :O
:R   A    0.1     :R   A    0.2     :R   A    0.3     :U   E    0.6
                                                     :UN  A    0.3
                                                     :=   A    0.4
                                                     :BE
```

## Übung 5.5: Behälter-Füllanlage II

**Lösungshilfe:**

| Zu betätigende Ausgänge oder Merker | Variablen für "Setzen" | Variablen für "Rücksetzen" |
|---|---|---|
| Merker M1 Speicherung der Leer- meldung Behälter 1 | S2 | Y1 Verriegelungen: M2, M3 |
| Merker M2 Speicherung der Leer- meldung Behälter 2 | S4 | Y2 Verriegelungen: M1, M3 |
| Merker M3 Speicherung des Leer- meldung Behälter 3 | S6 | S5 Verriegelungen: M1, M2 |
| Ventil Behälter 1 Y1 | S2 | S1 Verriegelungen: Y2, Y3 |
| Ventil Behälter 2 Y2 | S4 | S3 Verriegelungen: Y1, Y3 |
| Ventil Behälter 3 Y3 | S6 | S5 Verriegelungen: Y1, Y2 |

**Funktionsplan:**

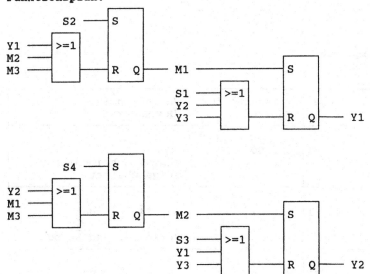

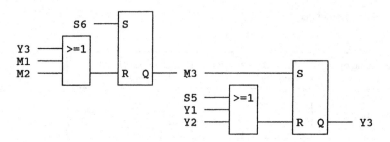

**Realisierung mit einer SPS:**

Zuordnung:     S1 = E 0.1     Y1 = A 0.1     M1 = M 0.1
               S2 = E 0.2     Y2 = A 0.2     M2 = M 0.2
               S3 = E 0.3     Y3 = A 0.3     M3 = M 0.3
               S4 = E 0.4
               S5 = E 0.5
               S6 = E 0.6

**Anweisungsliste:**

| | | | | | | | | |
|---|---|---|---|---|---|---|---|---|
| :U | E | 0.2 | :U | E | 0.4 | :U | E | 0.6 |
| :S | M | 0.1 | :S | M | 0.2 | :S | M | 0.3 |
| :O | A | 0.1 | :O | A | 0.2 | :O | A | 0.3 |
| :O | M | 0.2 | :O | M | 0.1 | :O | M | 0.1 |
| :O | M | 0.3 | :O | M | 0.3 | :O | M | 0.2 |
| :R | M | 0.1 | :R | M | 0.2 | :R | M | 0.3 |
| | | | | | | | | |
| :U | M | 0.1 | :U | M | 0.2 | :U | M | 0.3 |
| :S | A | 0.1 | :S | A | 0.2 | :S | A | 0.3 |
| :O | E | 0.1 | :O | E | 0.3 | :O | E | 0.5 |
| :O | A | 0.2 | :O | A | 0.1 | :O | A | 0.1 |
| :O | A | 0.3 | :O | A | 0.3 | :O | A | 0.2 |
| :R | A | 0.1 | :R | A | 0.2 | :R | A | 0.3 |
| | | | | | | :BE | | |

## Übung 5.6: Schleifmaschine

**Lösungshilfe:**

| Zu betätigende Ausgänge oder Merker | Variablen für "Setzen" | Variablen für "Rücksetzen" |
|---|---|---|
| Merker                    M1<br>Speicherung des<br>AUS-Tasters | $\overline{S0}$ | $\overline{K1}$<br>Schleifscheibenmotor<br>ausgeschaltet |
| Schleifscheibenmotor   K1<br>und<br>Anzeige "Betrieb"        H | S1 | $\overline{S3}$, $\overline{S4}$, $\overline{S5}$ oder<br><br>Merker M1 und $\overline{S6}$ oder $\overline{S7}$ |
| Motorschütz M2           K2<br>Rechtslauf | K1 & $\overline{K2}$ & $\overline{K3}$<br>oder<br>K1 & $\overline{S6}$ & S7 | $\overline{S3}$, $\overline{S4}$, $\overline{S5}$, $\overline{S7}$<br>Verriegelungen: $\overline{K1}$, K3 |
| Motorschütz M2           K3<br>Linkslauf | K1 & $\overline{S7}$ & S6 | $\overline{S3}$, $\overline{S4}$, $\overline{S5}$, $\overline{S6}$<br>Verriegelungen: $\overline{K1}$, K2 |

**Funktionsplan:**

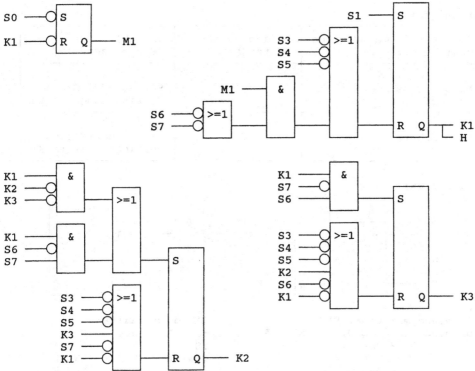

**Realisierung mit einer SPS:**

Zuordnung:  S0 = E 0.0    K1 = A 0.1    M1 = M 0.1
            S1 = E 0.1    K2 = A 0.2
            S3 = E 0.3    K3 = A 0.3
            S4 = E 0.4    H = A 0.4
            S5 = E 0.5
            S6 = E 0.6
            S7 = E 0.7

**Anweisungsliste:**

| | | | | | | | | |
|---|---|---|---|---|---|---|---|---|
| :UN | E | 0.0 | :U | A | 0.1 | :U | A | 0.1 |
| :S | M | 0.1 | :UN | A | 0.2 | :UN | E | 0.7 |
| :UN | A | 0.1 | :UN | A | 0.3 | :U | E | 0.6 |
| :R | M | 0.1 | :O | | | :S | A | 0.3 |
| | | | :U | A | 0.1 | :ON | E | 0.3 |
| :U | E | 0.1 | :UN | E | 0.6 | :ON | E | 0.4 |
| :S | A | 0.1 | :U | E | 0.7 | :ON | E | 0.5 |
| :ON | E | 0.3 | :S | A | 0.2 | :O | A | 0.2 |
| :ON | E | 0.4 | :ON | E | 0.3 | :ON | E | 0.6 |
| :ON | E | 0.5 | :ON | E | 0.4 | :ON | A | 0.1 |
| :O | | | :ON | E | 0.5 | :R | A | 0.3 |
| :U | M | 0.1 | :O | A | 0.3 | :BE | | |
| :U( | | | :ON | E | 0.7 | | | |
| :ON | E | 0.6 | :ON | A | 0.1 | | | |
| :ON | E | 0.7 | :R | A | 0.2 | | | |
| :) | | | | | | | | |
| :R | A | 0.1 | | | | | | |
| :U | A | 0.1 | | | | | | |
| := | A | 0.4 | | | | | | |

## Übung 5.7: Torsteuerung

**Lösungshilfe:**

| Zu betätigende Ausgänge oder Merker | Variablen für "Setzen" | Variablen für "Rücksetzen" |
|---|---|---|
| Motorschütz          K1 Tor auf | S4 | $\overline{S2}$, $\overline{S5}$ oder $\overline{S3}$&$\overline{S4}$ Verriegelungen: K2 |
| Motorschütz          K2 Tor zu | S6 | $\overline{S1}$, $\overline{S5}$ oder $\overline{S3}$&$\overline{S6}$ Verriegelungen: K1 |

**Funktionsplan:**

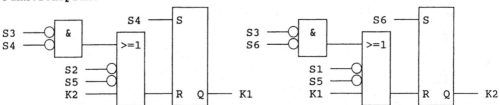

**Realisierung mit einer SPS:**

Zuordnung:   S1 = E 0.1    K1 = A 0.1
             S2 = E 0.2    K2 = A 0.2
             S3 = E 0.3
             S4 = E 0.4
             S5 = E 0.5
             S6 = E 0.6

**Anweisungsliste:**

```
:U   E   0.4    :U   E   0.6
:S   A   0.1    :S   A   0.2
:UN  E   0.3    :UN  E   0.3
:UN  E   0.4    :UN  E   0.6
:ON  E   0.2    :ON  E   0.1
:ON  E   0.5    :ON  E   0.5
:O   A   0.2    :O   A   0.1
:R   A   0.1    :R   A   0.2
                :BE
```

## Übung 5.8: Pumpensteuerung

**Zuordnungstabelle**

| Eingangsvariable | Betriebsmittel-kennzeichen | Logische Zuordnung | |
|---|---|---|---|
| Wahlschalter Automatik | S1 | Automatikbetrieb | S1 = 0 |
| EIN-Taster Pumpe 1 | S2 | betätigt | S2 = 1 |
| EIN-Taster Pumpe 2 | S3 | betätigt | S3 = 1 |
| AUS-Taster Pumpe 1 | S4 | betätigt | S4 = 1 |
| AUS-Taster Pumpe 2 | S5 | betätigt | S5 = 1 |
| Grenzwertschalter oben | S6 | betätigt | S6 = 1 |
| Grenzwertschalter Mitte | S7 | betätigt | S7 = 1 |
| Grenzwertschalter unten | S8 | betätigt | S8 = 1 |
| Ausgangsvariable | | | |
| Pumpe 1 | P1 | Pumpe P1 an | P1 = 1 |
| Pumpe 2 | P2 | Pumpe P2 an | P2 = 1 |

**Lösungshilfe:**

| Zu betätigende Ausgänge oder Merker | Variablen für "Setzen" | Variablen für "Rücksetzen" |
|---|---|---|
| Pumpe P1 | S1&S2 v $\overline{S1}$&S7 | S1&S4 oder $\overline{S8}$ |
| Pumpe P2 | S1&S3 v $\overline{S1}$&S6 | S1&S5 oder $\overline{S8}$ |

**Funktionsplan:**

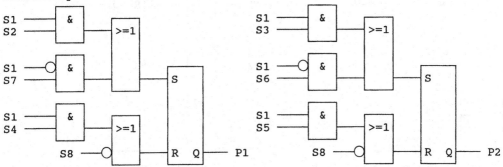

**Realisierung mit einer SPS:**

Zuordnung:

| | |
|---|---|
| S1 = E 0.1 | P1 = A 0.1 |
| S2 = E 0.2 | P2 = A 0.2 |
| S3 = E 0.3 | |
| S4 = E 0.4 | |
| S5 = E 0.5 | |
| S6 = E 0.6 | |
| S7 = E 0.7 | |
| S8 = E 1.0 | |

**Anweisungsliste:**

```
:U   E    0.1     :U   E    0.1
:U   E    0.2     :U   E    0.3
:O               :O
:UN  E    0.1     :UN  E    0.1
:U   E    0.7     :U   E    0.6
:S   A    0.1     :S   A    0.2
:U   E    0.1     :U   E    0.1
:U   E    0.4     :U   E    0.5
:ON  E    1.0     :ON  E    1.0
:R   A    0.1     :R   A    0.2
                 :BE
```

**Übung 5.9: Schloßschaltung**

**Zuordnungstabelle:**

| Eingangsvariable | Betriebsmittel-kennzeichen | Logische Zuordnung | |
|---|---|---|---|
| Taster T1 | T1 | betätigt | T1=1 |
| Taster T2 | T2 | betätigt | T2=1 |
| Taster T3 | T3 | betätigt | T3=1 |
| Taster T4 | T4 | betätigt | T4=1 |
| Taster T5 | T5 | betätigt | T5=1 |
| Ausgangsvariable | | | |
| Türöffner(Elektromagnet) | A | Elektromagnet angezogen | A=1 |

Zur Realisierung der Steuerung werden fünf Speicherglieder verwendet,
die nur in der durch die Tastenfolge vorgegebenen Reihenfolge gesetzt
werden können. Wird eine falsche Taste in der Reihenfolge betätigt,
werden alle Speicherglieder wieder zurückgesetzt - nicht jedoch bei
wiederholter Betätigung der zuvor betätigten Taste.

**Funktionsplan:**

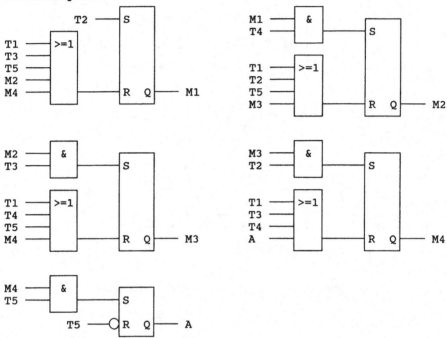

**Realisierung mit einer SPS:**

Zuordnung:  T1 = E 0.1     A  = A 0.1    M1 = M 0.1
            T2 = E 0.2                   M2 = M 0.2
            T3 = E 0.3                   M3 = M 0.3
            T4 = E 0.4                   M4 = M 0.4
            T5 = E 0.5

**Anweisungsliste:**

```
:U  E   0.2     :U  M   0.2     :U  M   0.4
:S  M   0.1     :U  E   0.3     :U  E   0.5
:O  E   0.1     :S  M   0.3     :S  A   0.1
:O  E   0.3     :O  E   0.1     :UN E   0.5
:O  E   0.5     :O  E   0.4     :R  A   0.1
:O  M   0.2     :O  E   0.5     :BE
:O  M   0.4     :O  M   0.4
:R  M   0.1     :R  M   0.3


:U  M   0.1     :U  M   0.3
:U  E   0.4     :U  E   0.2
:S  M   0.2     :S  M   0.4
:O  E   0.1     :O  E   0.1
:O  E   0.2     :O  E   0.3
:O  E   0.5     :O  E   0.4
:O  M   0.3     :O  A   0.1
:R  M   0.2     :R  M   0.4
```

## Übung 5.10: Impulsschalter für zwei Meldeleuchten

**Zuordnungstabelle:**

| Eingangsvariable | Betriebsmittel-kennzeichen | Logische Zuordnung |
|---|---|---|
| Taster | S1 = E | Taster gedrückt    E = 1 |
| Ausgangsvariable | | |
| Meldeleuchte 1<br>Meldeleuchte 2 | H1 = A1<br>H2 = A2 | Meldeleuchte an    A1 = 1<br>Meldeleuchte an    A2 = 1 |

**Funktionsdiagramm der Steuerungsaufgabe:**

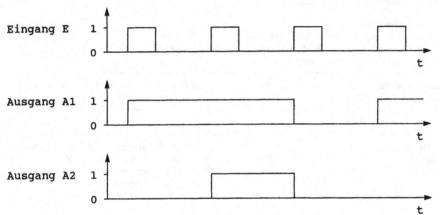

**Funktionsplan:**

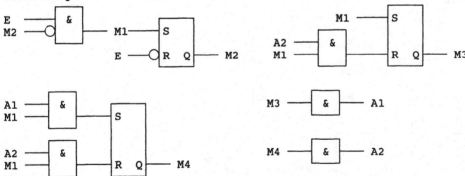

**Realisierung mit einer SPS:**

Zuordnung: E = E 0.1     A1 = A 0.1     M1 = M 0.1
                         A2 = A 0.2     M2 = M 0.2
                                        M3 = M 1.1
                                        M4 = M 1.2

**Anweisungsliste:**

```
:U    E    0.1     :U    M    0.1     :U    A    0.1     :U    M    1.1
:UN   M    0.2     :S    M    1.1     :U    M    0.1     :=    A    0.1
:=    M    0.1     :U    A    0.2     :S    M    1.2     :U    M    1.2
:S    M    0.2     :U    M    0.1     :U    A    0.2     :=    A    0.2
:UN   E    0.1     :R    M    1.1     :U    M    0.1     :BE
:R    M    0.2                        :R    M    1.2
```

## Übung 5.11: Analyse einer AWL

**Funktionsdiagramm:**

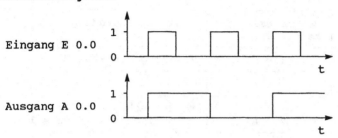

Eingang E 0.0

Ausgang A 0.0

## Übung 6.1: Anlassersteuerung

**Zuordnungstabelle:**

| Eingangsvariable | Betriebsmittel-kennzeichen | Logische Zuordnung |
|---|---|---|
| Tastschalter Aus | S0 | Taster gedrückt    S0 = 0 |
| Tastschalter Ein | S1 | Taster gedrückt    S1 = 1 |
| Ausgangsvariable | | |
| Netzschütz | K1 | Schütz angezogen   K1 = 1 |
| Schütz 2 | K2 | Schütz angezogen   K2 = 1 |
| Schütz 3 | K3 | Schütz angezogen   K3 = 1 |
| Schütz 4 | K4 | Schütz angezogen   K4 = 1 |

**1. Lösung mit drei Zeitgliedern:**
**Funktionsplan:**

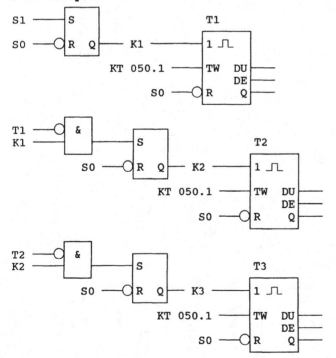

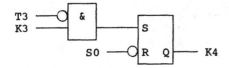

## Realisierung mit einer SPS:

```
Zuordnung:  S0 = E 0.0      K1 = A 0.1
            S1 = E 0.1      K2 = A 0.2
                            K3 = A 0.3
                            K4 = A 0.4
```

## Anweisungsliste:

```
:U   E    0.1    :UN  T    1        :UN  T    2        :UN  T    3
:S   A    0.1    :U   A    0.1      :U   A    0.2      :U   A    0.3
:UN  E    0.0    :S   A    0.2      :S   A    0.3      :S   A    0.4
:R   A    0.1    :UN  E    0.0      :UN  E    0.0      :UN  E    0.0
:U   A    0.1    :R   A    0.2      :R   A    0.3      :R   A    0.4
:L   KT 050.1    :U   A    0.2      :U   A    0.3      :BE
:SI  T    1      :L   KT 050.1      :L   KT 050.1
:UN  E    0.0    :SI  T    2        :SI  T    3
:R   T    1      :UN  E    0.0      :UN  E    0.0
                 :R   T    2        :R   T    3
```

## 2. Lösung mit einem Zeitglied:

Der sich bei dieser Lösung ergebende Funktionsplan beinhaltet mehrere
"Tricks", die auf der sequentiellen Abarbeitung einer SPS beruhen. Mit
digitalen Schaltkreisen oder gar Schützen kann deshalb dieser
Funktionsplan nicht realisiert werden.

## Funktionsplan:

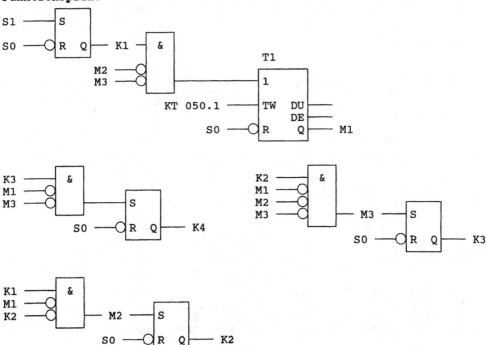

## Realisierung mit einer SPS:

```
Zuordnung: S0 = E 0.0    K1 = A 0.1    M1 = M 0.1
           S1 = E 0.1    K2 = A 0.2    M2 = M 0.2
                         K3 = A 0.3    M3 = M 0.3
                         K4 = A 0.4
```

## Anweisungsliste:

```
:U    E    0.1      :U    A    0.3      :U    A    0.2      :U    A    0.1
:S    A    0.1      :UN   M    0.1      :UN   M    0.1      :UN   M    0.1
:UN   E    0.0      :UN   M    0.3      :UN   M    0.2      :UN   A    0.2
:R    A    0.1      :S    A    0.4      :UN   A    0.3      :=    M    0.2
:U    A    0.1      :UN   E    0.0      :=    M    0.3      :U    M    0.2
:UN   M    0.2      :R    A    0.4      :U    M    0.3      :S    A    0.2
:UN   M    0.3                         :S    A    0.3      :UN   E    0.0
:L    KT 050.1                         :UN   E    0.0      :R    A    0.2
:SI   T    1                           :R    A    0.3      :BE
:UN   E    0.0
:R    T    1
:U    T    1
:=    M    0.1
```

## Übung 6.2: Förderbandkontrolle

### Funktionsplan:

EIN-BANDMOTOR

BLINKTAKT 2HZ

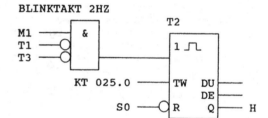

BANDWÄCHTERÜBERWACHUNG

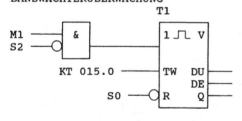

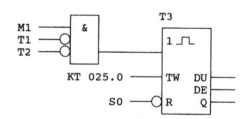

## Realisierung mit einer SPS:

```
Zuordnung: S0 = E 0.0    M = A 0.1    M1 = M 0.1
           S1 = E 0.1    H = A 0.2
           S2 = E 0.2
```

## Anweisungsliste:

```
:U    E    0.1      :U    M    0.1      :U    M    0.1      :U    M    0.1
:S    M    0.1      :UN   E    0.2      :UN   T    1        :UN   T    1
:UN   E    0.0      :L    KT 015.0      :UN   T    3        :UN   T    2
:R    M    0.1      :SV   T    1        :L    KT 025.0      :L    KT 025.0
:U    M    0.1      :UN   E    0.0      :SI   T    2        :SI   T    3
:U    T    1        :R    T    1        :UN   E    0.0      :UN   E    0.0
:=    A    0.1                          :R    T    2        :R    T    3
                                        :U    T    2        :BE
                                        :=    A    0.2
```

## Übung 6.3: Analyse einer AWL:

**Funktionsplan:**

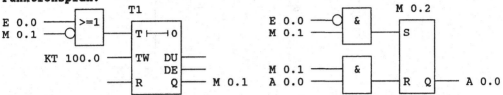

**Funktionsweise:**

| Zyklus: | 1 . . . n n+1 n+2. . . k k+1 k+2 . |
|---------|------------------------------------|
| | Signalzustände der Variablen |
| O   E 0.0 | 0  --->  1s  0  0  0  --->  1s  0  0  0 |
| ON  M 0.1 | 0          0  1  0          0  1  0 |
| L   KT 100.0 | |
| SE  T 1 | Start t=1s      Start t=1s           Start t=1s |
| U   T 1 | 0          1  0  0          1  0  0 |
| =   M 0.1 | 0          1  0  0          1  0  0 |
| UN  E 0.0 | 0          0  0  0          0  0  0 |
| U   M 0.1 | 0          1  0  0          1  0  0 |
| S   M 0.2 | 0          1  1  1          1  0  0 |
| U   M 0.1 | 0          1  0  0          1  0  0 |
| U   A 0.0 | 0          0  1  1          1  0  0 |
| R   M 0.2 | 0          1  1  1          0  0  0 |
| U   M 0.2 | 0          1  1  1          0  0  0 |
| =   A 0.0 | 0          1  1  1          0  0  0 |

Aus der Tabelle ist zu ersehen, daß der Ausgang A 0.0 mit einer
Frequenz von 0.5Hz blinkt, wenn E 0.0 = 0 ist.

## Übung 6.4: Überwachung der Türöffnung

**Erweiterte Zuordnungstabelle:**

| Eingangsvariable | Betriebsmittel-kennzeichen | Logische Zuordnung | |
|------------------|---------------------------|-------------------|---|
| Taster "Öffnen" | S1 | gedrückt | S1 = 1 |
| Taster "Schließen" | S2 | gedrückt | S2 = 1 |
| Taster "Stillstand" | S3 | gedrückt | S3 = 0 |
| Endschalter "Tür auf" | S4 | gedrückt | S4 = 0 |
| Endschalter "Tür zu" | S5 | gedrückt | S5 = 0 |
| Lichtschranke | LI | frei | LI = 1 |
| Taster "Löschen" | S6 | gedrückt | S6 = 1 |
| Ausgangsvariable | | | |
| Zylinder "Tür auf" | Y1 | Zyl. fährt ein | Y1 = 1 |
| Zylinder "Tür zu" | Y2 | Zyl. fährt aus | Y2 = 1 |
| Störmeldung | Y3 | Störmeldung an | Y3 = 1 |

**Funktionsplan:**

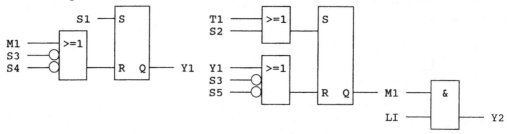

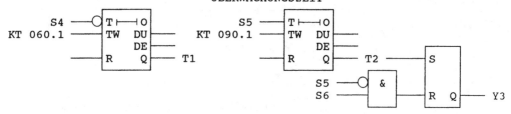

**Realisierung mit einer SPS:**
Zuordnung:  S1 = E 0.1     Y1 = A 0.1     M1 = M 0.1
            S2 = E 0.2     Y2 = A 0.2     M2 = M 0.2
            S3 = E 0.3     Y3 = A 0.3
            S4 = E 0.4
            S5 = E 0.5
            S6 = E 0.6
            LI = E 0.7

**Anweisungsliste:**

| | | | | | | | | |
|---|---|---|---|---|---|---|---|---|
| :U | E | 0.1 | :O | T | 1 | :U | E | 0.5 |
| :S | A | 0.1 | :O | E | 0.2 | :L | KT 090.1 | |
| :O | M | 0.1 | :S | M | 0.1 | :SE | T | 2 |
| :ON | E | 0.3 | :O | A | 0.1 | :U | T | 2 |
| :ON | E | 0.4 | :ON | E | 0.3 | :S | A | 0.3 |
| :R | A | 0.1 | :ON | E | 0.5 | :UN | E | 0.5 |
| | | | :R | M | 0.1 | :U | E | 0.6 |
| :UN | E | 0.4 | :U | M | 0.1 | :R | A | 0.3 |
| :L | KT 060.1 | | :U | E | 0.7 | :BE | | |
| :SE | T | 1 | := | A | 0.2 | | | |

## Übung 6.5: Füllmengenkontrolle

Bei der Umsetzung der Steuerungsaufgabe in einen Funktionsplan muß
darauf geachtet werden, daß auch mehrere Dosen unmittelbar hinter-
einander die geforderte Füllmenge unterschreiten könnten. Aus dem
Technologieschema geht hervor, daß sich maximal vier Dosen zwischen der
Erfassung und dem Auswerfer befinden können.
Um eine richtige Simulation zu ermöglichen, sollte der Zeittakt ver-
längert werden (z.B. statt 2s mindestens 6s).

**Funktionsplan:**

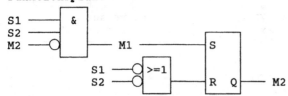

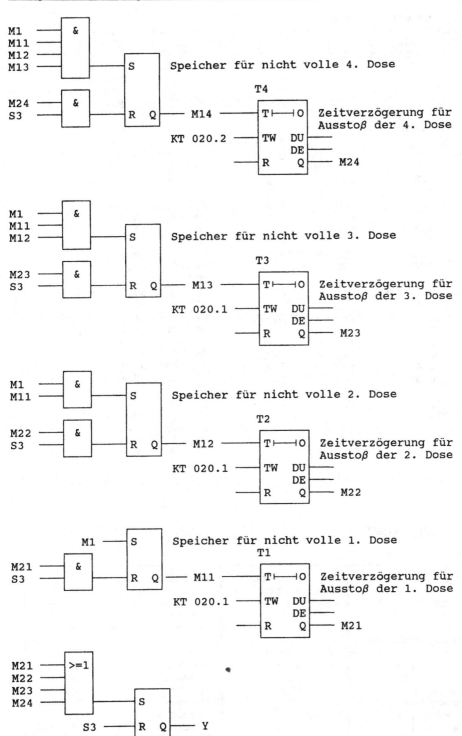

Speicher für nicht volle 4. Dose

T4

Zeitverzögerung für
Ausstoß der 4. Dose

Speicher für nicht volle 3. Dose

T3

Zeitverzögerung für
Ausstoß der 3. Dose

Speicher für nicht volle 2. Dose

T2

Zeitverzögerung für
Ausstoß der 2. Dose

Speicher für nicht volle 1. Dose
T1

Zeitverzögerung für
Ausstoß der 1. Dose

**Realisierung mit einer SPS:**

```
Zuordnung: S1 = E 0.1      Y = A 0.1      M1 = M 0.1      M11 = M 1.1
           S2 = E 0.2                     M2 = M 0.2      M12 = M 1.2
           S3 = E 0.3                     M3 = M 0.3      M13 = M 1.3
                                          M4 = M 0.4      M21 = M 2.1
                                                          M22 = M 2.2
                                                          M23 = M 2.3
                                                          M24 = M 2.4
```

**Anweisungsliste:**

```
Impuls fuer ungen.     Zeit fuer 3. Dose      :L    KT 020.1
Fuellung               :U    M    0.1         :SE   T    2
:U    E      0.1       :U    M    1.1         :U    T    2
:U    E      0.2       :U    M    1.2         :=    M    2.2
:UN   M      0.2       :S    M    1.3
:=    M      0.1       :U    M    2.3         Zeit fuer 1. Dose
:U    M      0.1       :U    E    0.3         :U    M    0.1
:S    M      0.2       :R    M    1.3         :S    M    1.1
:ON   E      0.1       :U    M    1.3         :U    M    2.1
:ON   E      0.2       :L    KT 020.1         :U    E    0.3
:R    M      0.2       :SE   T    3           :R    M    1.1
                       :U    T    3           :U    M    1.1
Zeit fuer 4. Dose      :=    M    2.3         :L    KT 020.1
:U    M      0.1                              :SE   T    1
:U    M      1.1       Zeit fuer 3. Dose      :U    T    1
:U    M      1.2       :U    M    0.1         :=    M    2.1
:U    M      1.3       :U    M    1.1
:S    M      1.4       :S    M    1.2         Ansteuerung
:U    M      2.4       :U    M    2.2         Ausstosser
:U    E      0.3       :U    E    0.3         :O    M    2.1
:R    M      1.4       :R    M    1.2         :O    M    2.2
:U    M      1.4       :U    M    1.2         :O    M    2.3
:L    KT 020.1                                :O    M    2.4
:SE   T      4                                :S    A    0.1
:U    T      4                                :U    E    0.3
:=    M      2.4                              :R    A    0.1
                                              :BE
```

## Übung 6.6: Lauflicht

**Zuordnungstabelle**

| Eingangsvariable | Betriebsmittel-kennzeichen | Logische Zuordnung | |
|---|---|---|---|
| EIN-Schalter | S1 | betätigt | S1 = 1 |
| Ausgangsvariable | | | |
| Lampengruppe 1 | H1 | leuchtet | H1 = 1 |
| Lampengruppe 2 | H2 | leuchtet | H2 = 1 |
| Lampengruppe 3 | H3 | leuchtet | H3 = 1 |
| Lampengruppe 4 | H4 | leuchtet | H4 = 1 |
| Lampengruppe 5 | H5 | leuchtet | H5 = 1 |
| Lampengruppe 6 | H6 | leuchtet | H6 = 1 |
| Lampengruppe 7 | H7 | leuchtet | H7 = 1 |

**Funktionsplan:**
Taktgenerator

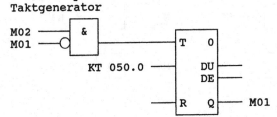

Einschaltflanke M03 und Merker M02 für Lauflicht beenden

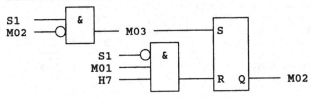

Merker M1 ... M7 für die Lampengrupppen

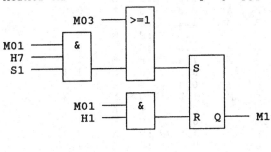

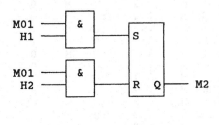

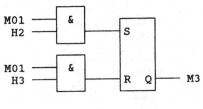

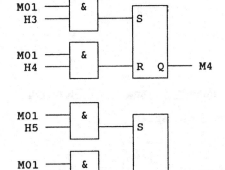

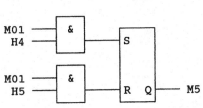

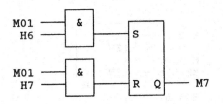

## Ausgangszuweisungen

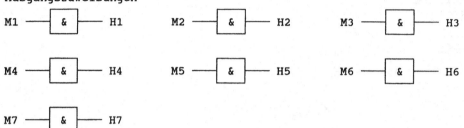

**Realisierung mit einer SPS:**

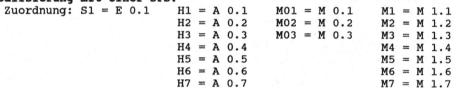

Zuordnung: S1 = E 0.1    H1 = A 0.1    M01 = M 0.1    M1 = M 1.1
                         H2 = A 0.2    M02 = M 0.2    M2 = M 1.2
                         H3 = A 0.3    M03 = M 0.3    M3 = M 1.3
                         H4 = A 0.4                   M4 = M 1.4
                         H5 = A 0.5                   M5 = M 1.5
                         H6 = A 0.6                   M6 = M 1.6
                         H7 = A 0.7                   M7 = M 1.7

**Anweisungsliste:**

```
:U    M    0.2     :U    M    0.1     :U    M    0.1     :U    M    0.1
:UN   M    0.1     :U    A    0.7     :U    A    0.3     :U    A    0.6
:L    KT 050.0     :U    E    0.1     :S    M    1.4     :S    M    1.7
:SE   T    1       :S    M    1.1     :U    M    0.1     :U    M    0.1
:U    T    1       :U    M    0.1     :U    A    0.4     :U    A    0.7
:=    M    0.1     :U    A    0.1     :R    M    1.4     :R    M    1.7
:U    E    0.1     :R    M    1.1     :U    M    0.1     :U    M    1.1
:UN   M    0.2     :U    M    0.1     :U    A    0.4     :=    A    0.1
:=    M    0.3     :U    A    0.1     :S    M    1.5     :U    M    1.2
:U    M    0.3     :S    M    1.2     :U    M    0.1     :=    A    0.2
:S    M    0.2     :U    M    0.1     :U    A    0.5     :U    M    1.3
:UN   E    0.1     :U    A    0.2     :R    M    1.5     :=    A    0.3
:U    M    0.1     :R    M    1.2     :U    M    0.1     :U    M    1.4
:U    A    0.7     :U    M    0.1     :U    A    0.5     :=    A    0.4
:R    M    0.2     :U    A    0.2     :S    M    1.6     :U    M    1.5
:O    M    0.3     :S    M    1.3     :U    M    0.1     :=    A    0.5
:O                 :U    M    0.1     :U    A    0.6     :U    M    1.6
                   :U    A    0.3     :R    M    1.6     :=    A    0.6
                   :R    M    1.3                        :U    M    1.7
                                                        :=    A    0.7
                                                        :BE
```

## Übung 7.1: Analyse einer AWL

**Funktionsplan:**

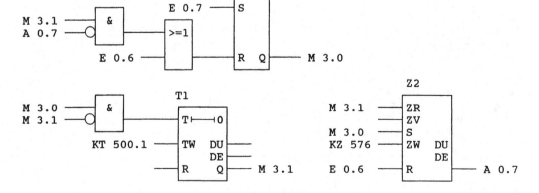

**Funktionsweise des Steuerungsprogramms:**

Wird an den Eingang E 0.7 kurzzeitig ein "1"-Signal gelegt, so hat der
Ausgang A 0.7 für 8h ein "1"-Signal. Dieser Ablauf kann vorzeitig durch
ein "1"-Signal am Eingang E 0.6 beendet werden.

**Realisierung dieses Ablaufs:**

Mit Eingang E 0.7 wird Merker M 3.0 gesetzt. Merker M 3.0 startet den
Taktgenerator und setzt den Zähler auf den Wert 576. Der Ausgang A 0.7
hat dann "1"-Signal.
Der Taktgenerator wird gebildet aus dem Zeitglied T1 und dem Takt-
impulsmerker M 3.1. Dieser hat alle 50s für einen Zyklus ein "1"-
Signal, welches den Zähler Z1 rückwärts zählt. Nach 576 x 50s = 28.800s
= 8h ist der Zähler zurückgezählt und Ausgang A 0.7 hat wieder "0"-
Signal. Dieses "0"-Signal setzt zusammen mit dem Taktimpulsmerker M 3.1
den Merker M 3.0 zurück und stoppt somit auch den Taktgenerator.
Mit dem Eingang E 0.6 werden Merker M 3.0 und Zähler Z1 zurückgesetzt.

## Übung 7.2: Transportband

**Zuordnungstabelle:**

| Eingangsvariable | Betriebsmittel-kennzeichen | Logische Zuordnung |
|---|---|---|
| Lichschranke | LI | Lichtschranke frei LI = 0 |
| Ausgangsvariable | | |
| Ventil | Y | Zylinder aus  Y = 1 |

**Funktionsplan:**

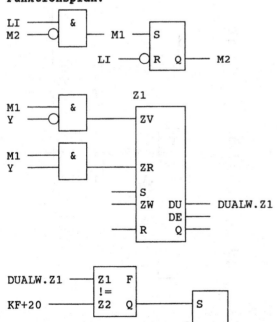

**Realisierung mit einer SPS:**

Zuordnung: LI = E 0.1    Y = A 0.1    M1 = M 0.1
                                      M2 = M 0.2
                           DUALW.Z1 = MB 10

**Anweisungsliste:**

```
:U   E    0.1      :U   M    0.1      :L   MB   10
:UN  M    0.2      :UN  A    0.1      :L   KF   +20
:=   M    0.1      :ZV  Z    1        :!=F
:U   M    0.1      :U   M    0.1      :S   A    0.1
:S   M    0.2      :U   A    0.1      :UN  Z    1
:UN  E    0.1      :ZR  Z    1        :R   A    0.1
:R   M    0.2      :L   Z    1        :BE
                   :T   MB   10
```

## Übung 7.3: Alarmsignal

**Zuordnungstabelle:**

| Eingangsvariable | Betriebsmittel-kennzeichen | Logische Zuordnung |
|---|---|---|
| Schalter | S | Schalter geschl.    S = 1 |
| Ausgangsvariable | | |
| Alarmsignal | A | Alarmsignal an    A = 1 |

**Funktionsplan:**

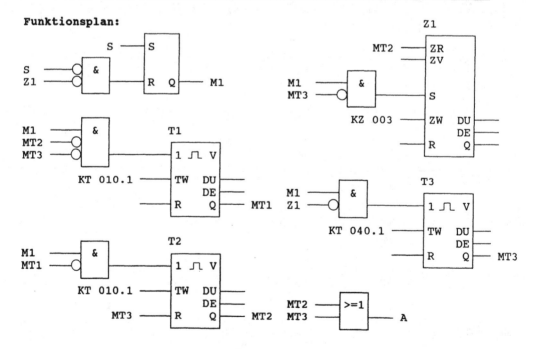

**Realisierung mit einer SPS:**
Zuordnung: S = E 0.0     A = A 0.0     M1  = M 1.0
                                     MT1 = M 1.1
                                     MT2 = M 1.2
                                     MT3 = M 1.3

**Anweisungsliste:**

```
:U   E    0.0    :U   M    1.0    :U   M    1.2    :U   M    1.0
:S   M    1.0    :UN  M    1.1    :ZR  Z    1      :UN  Z    1
:UN  E    0.0    :L   KT 010.1    :U   M    1.0    :L   KT 040.1
:UN  Z    1      :SV  T    2      :UN  M    1.3    :SV  T    3
:R   M    1.0    :U   M    1.3    :L   KZ 003      :U   T    3
                 :R   T    2      :S   Z    1      :=   M    1.3
:U   M    1.0    :U   T    2
:UN  M    1.2    :=   M    1.2                     :O   M    1.2
:UN  M    1.3                                      :O   M    1.3
:L   KT 010.1                                      :=   A    0.0
:SV  T    1                                        :BE
:U   T    1
:=   M    1.1
```

## Übung 7.4: Rüttelsieb

**Zuordnungstabelle**

| Eingangsvariable | Betriebsmittel-kennzeichen | Logische Zuordnung |
|---|---|---|
| EIN-Schalter | S1 | betätigt               S1 = 1 |
| Ausgangsvariable | | |
| Rüttelsieb | A1 | Rüttler an            A1 = 1 |

**Funktionsplan:**

Taktgenerator
(Alle 100s hat M1 für
1 Zyklus "1"-Signal)

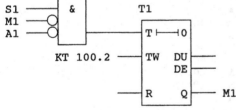

Rückwärtszähler Z1
(864 x 100s = 24h)

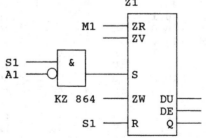

Ansteuerung des Rüttelsiebes mit Zeitglied T2 (SV)

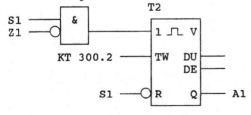

**Realisierung mit einer SPS:**
Zuordnung: S1 = E 0.1    A1 = A 0.1    M1 = M 0.1

**Anweisungsliste:**

```
:U   E    0.1     :U   M    0.1     :U   E    0.1
:UN  M    0.1     :ZR  Z    1       :UN  Z    1
:UN  A    0.1     :U   E    0.1     :L   KT 300.2
:L   KT 100.2     :UN  A    0.1     :SV  T    2
:SE  T    1       :L   KZ 864       :U   T    2
:U   T    1       :S   Z    1       :=   A    0.1
:=   M    0.1     :UN  E    0.1     :UN  E    0.1
                  :R   Z    1       :R   T    2
                                    :BE
```

## Übung 8.1: Umsetzung eines Zustandsgraphen in ein Steuerungsprogramm

Bei der Umsetzung des Zustandsgraphen in ein Steuerungsprogramm ist zu
beachten:

- Verriegelung der Zustände 0, 3 und 4 bei der Verzweigung nach
  Zustand 2.
- Es besteht eine Schleife zwischen Zustand 2 - 4 - 2.

**Realisierung mit einer SPS:**
Zuordnung:

```
S1 = E 0.1     H1 = A 0.1     M0 = M 40.0     Richtimpuls: M 60.1
S2 = E 0.2     H2 = A 0.2     M1 = M 40.1     Hilfsmerker: M 60.0
S3 = E 0.3     Y  = A 0.3     M2 = M 40.2
S4 = E 0.4     M  = A 0.4     M3 = M 40.3
                              M4 = M 40.4
```

**Anweisungsliste:**

```
:UN  M   60.0     :U   M   40.1     :U   M   40.2
:=   M   60.1     :U   E    0.2     :U   E    0.4
:S   M   60.0     :O               :S   M   40.4
:O   M   60.1     :U   M   40.4     :U   M   40.2
:O               :UN  E    0.4     :UN  E    0.4
:U   M   40.2     :S   M   40.2     :O   M   40.0
:UN  E    0.1     :O   M   40.0     :O   M   40.3
:S   M   40.0     :O   M   40.3     :R   M   40.4
:U   M   40.1     :O               :U   M   40.3
:R   M   40.0     :U   M   40.4     :=   A    0.1
:U   M   40.0     :U   E    0.4     :U   M   40.4
:U   E    0.1     :R   M   40.2     :=   A    0.2
:O               :U   M   40.2     :O   M   40.3
:U   M   40.3     :U   E    0.3     :O   M   40.4
:UN  E    0.3     :S   M   40.3     :=   A    0.3
:S   M   40.1     :O   M   40.1     :U   M   40.1
:U   M   40.2     :O   M   40.0     :=   A    0.4
:R   M   40.1     :R   M   40.3     :BE
```

## Übung 8.2: **Analyse einer Anweisungsliste**

Zustandsgraph aus der
Anweisungsliste
entwickelt:

M60.0 und M60.1
für Richtimpuls-
erzeugung
M40.0 bis M40.6
für Zustände 0 bis 6

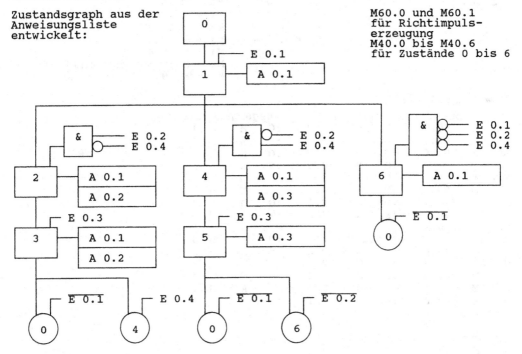

## Übung 8.3: **Ölbrennersteuerung**

Zustandsgraph:

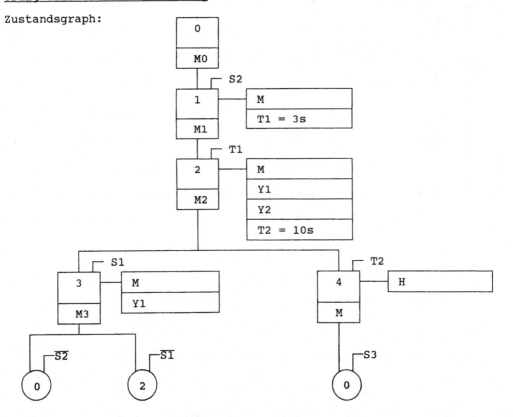

**Realisierung mit einer SPS:**

Zuordnung:  S1 = E 0.1      M  = A 0.1      M0 = M 40.0
            S2 = E 0.2      Y1 = A 0.2      M1 = M 40.1
            S3 = E 0.3      Y2 = A 0.3      M2 = M 40.2
                            H  = A 0.4      M3 = M 40.3
                                            M4 = M 40.4
                                            MX = M 60.6 ⎫ für Richtimpuls-
                                            MY = M 60.7 ⎭ erzeugung

**Anweisungsliste:**

| Richtimpuls | | Zustand 3 | | Ausgangszuweisungen | |
|---|---|---|---|---|---|
| :UN M 60.6 | | :U M 40.2 | | :O M 40.1 | |
| := M 60.7 | | :U E 0.1 | | :O M 40.2 | |
| :S M 60.6 | | :S M 40.3 | | :O M 40.3 | |
| | | :O M 40.0 | | := A 0.1 | |
| Zustand 0 | | :O | | | |
| :O M 60.7 | | :U M 40.2 | | :O M 40.2 | |
| :O | | :UN E 0.1 | | :O M 40.3 | |
| :U M 40.3 | | :R M 40.3 | | := A 0.2 | |
| :UN E 0.2 | | | | | |
| :O | | Zustand 4 | | :U M 40.2 | |
| :U M 40.4 | | :U M 40.2 | | := A 0.3 | |
| :U E 0.3 | | :U T 2 | | | |
| :S M 40.0 | | :S M 40.4 | | :U M 40.4 | |
| :U M 40.1 | | :U M 40.0 | | := A 0.4 | |
| :R M 40.0 | | :R M 40.4 | | :BE | |

| Zustand 1 | | Zeitglied 1 | |
|---|---|---|---|
| :U M 40.0 | | :U M 40.1 | |
| :U E 0.2 | | :L KT 030.1 | |
| :S M 40.1 | | :SE T 1 | |
| :U M 40.2 | | | |
| :R M 40.1 | | | |

| | | Zeitglied 2 | |
|---|---|---|---|
| | | :U M 40.2 | |
| Zustand 2 | | :L KT 010.2 | |
| :U M 40.1 | | :SE T 2 | |
| :U T 1 | | | |
| :O | | | |
| :U M 40.3 | | | |
| :UN E 0.1 | | | |
| :S M 40.2 | | | |
| :U M 40.3 | | | |
| :U E 0.1 | | | |
| :O M 40.4 | | | |
| :R M 40.2 | | | |

## Übung 8.4: Automatisches Rollentor

Zustandsgraph:

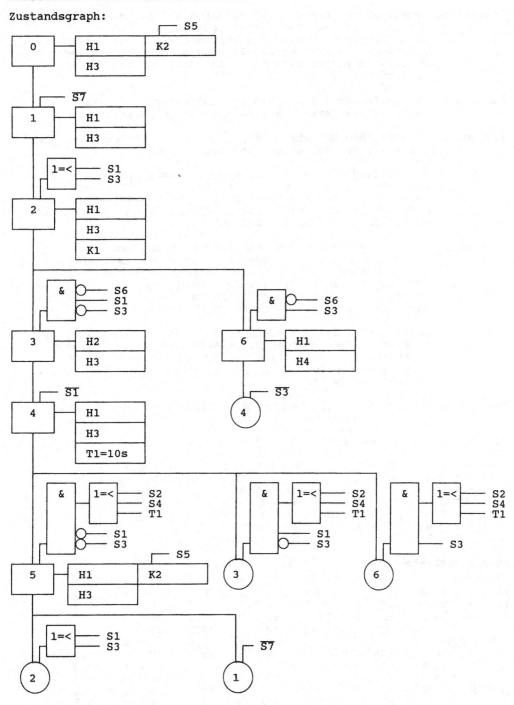

## Beschreibung der Zustände:

Zustand 0: Grundzustand, der beim Einschalten des Automatisierungs-
gerätes durch den Richtimpuls gesetzt wird.
In diesem Zustand wird das Rollentor falls es geöffnet ist
geschlossen und beide Ampeln zeigen Rot. Das Schließen des
Tores wird sofort gestoppt, wenn die Lichtschranke (S5)
unterbrochen wird.

Zustand 1: Das Rollentor ist geschlossen und weder die Einfahrt-(S1),
noch die Ausfahrtinduktionsschleife (S3) ist betätigt.

Zustand 2: Es wurde die Einfahrt- (S1) oder Ausfahrtinduktionsschleife
betätigt. das Rollentor wird geöffnet (K1).

Zustand 3: Der Zustand wird erreicht, wenn das Rollentor geöffnet ist
und der induktive Geber der Einfahrt (S1) "1"-Signal meldet,
jedoch der Geber der Ausfahrt (S3) "0"-Signal meldet, da
Ausfahrt vor Einfahrt gelten soll. In diesem Zustand wird
die Einfahrt mit "Grün" bedient.

Zustand 4: Das einfahrende oder ausfahrende Fahrzeug hat die
Induktionsschleife (S1 oder S3) verlassen. Beide Ampeln
zeigen wieder "Rot". Es wird ein Zeitglied gestartet, das
nach abgelaufener Zeit das Tor wieder schließt, wenn ein
Fahrzeug die Induktionsschleife im Rückwärtsgang verlassen
hat, also nicht ein- oder ausgefahren ist.

Zustand 5: Das einfahrende oder ausfahrende Fahrzeug hat das Rollentor
passiert und es besteht keine Anforderung der Ein-oder
Ausfahrt mehr. Das Rollentor wird geschlossen. Dieser
Vorgang wird sofort gestoppt, wenn die Lichtschranke
unterbrochen wird.

Zustand 6: Entspricht dem Zustand 3. Hier wird jedoch die Ausfahrtseite
mit "Grün" bedient.

## Realisierung mit einer SPS:
Zuordnung:

| | | | |
|---|---|---|---|
| S1 = E 0.1 | H1 = A 0.1 | M0 = M 70.0 | Richtimpuls: M 90.1 |
| S2 = E 0.2 | H2 = A 0.2 | M1 = M 70.1 | Hilfsmerker: M 90.0 |
| S3 = E 0.3 | H3 = A 0.3 | M2 = M 70.2 | Zeitglied : T1 |
| S4 = E 0.4 | H4 = A 0.4 | M3 = M 70.3 | |
| S5 = E 0.5 | K1 = A 0.5 | M4 = M 70.4 | |
| S6 = E 0.6 | K2 = A 0.6 | M5 = M 70.5 | |
| S7 = E 0.7 | | M6 = M 70.6 | |

## Anweisungsliste:

```
Richtimpuls        :U    M    70.5    :O    E    0.1    :U(
:UN   M    90.0    :UN   E    0.7     :O    E    0.3    :O    E    0.2
:=    M    90.1    :S    M    70.1    :)                :O    E    0.4
:S    M    90.0    :U    M    70.2    :S    M    70.2   :O    T    1
                   :R    M    70.1    :O    M    70.3   :)
Zustand 0                             :O    M    70.6   :U    E    0.1
:U    M    90.1    Zustand 2          :R    M    70.2   :UN   E    0.3
:S    M    70.0    :U    M    70.1                      :S    M    70.3
:U    M    70.1    :U(                Zustand 3         :U    M    70.4
:R    M    70.0    :O    E    0.1     :U    M    70.2   :UN   E    0.1
                   :O    E    0.3     :UN   E    0.6    :R    M    70.3
Zustand 1          :)                 :U    E    0.1
:U    M    70.0    :O                 :UN   E    0.3    Zustand 4
:UN   E    0.7     :U    M    70.5    :O                :U    M    70.3
:O                 :U(                :U    M    70.4    :UN   E    0.1
```

Anweisungsliste (Fortsetzung):

```
:O                    :UN   E     0.3      :O    M    70.3       :O    M    70.1
:U    M    70.6       :S    M    70.5      :R    M    70.6       :O    M    70.2
:UN   E     0.3       :O    M    70.2                            :O    M    70.3
:S    M    70.4       :O    M    70.1      Zeitglied            :O    M    70.4
:O    M    70.5       :R    M    70.5      :U    M    70.4       :O    M    70.5
:O                                         :L    KT 100.1        :=    A     0.3
:U    M    70.3       Zustand 6            :SE   T     1         :
:U    E     0.1       :U    M    70.2                            :U    M    70.6
:O                    :UN   E     0.6      Ausgangszuweisungen   :=    A     0.4
:U    M    70.6       :U    E     0.3      :O    M    70.0       :
:U    E     0.3       :O                   :O    M    70.1       :U    M    70.2
:R    M    70.4       :U    M    70.4      :O    M    70.2       :U    E     0.6
                      :U(                  :O    M    70.4       :=    A     0.5
Zustand 5             :O    E     0.2      :O    M    70.5       :
:U    M    70.4       :O    E     0.4      :O    M    70.6       :U(
:U(                   :O    T     1        :=    A     0.1       :O    M    70.0
:O    E     0.2       :)                   :                    :O    M    70.5
:O    E     0.4       :U    E     0.3      :U    M    70.3       :)
:O    T     1         :S    M    70.6      :=    A     0.2       :U    E     0.5
:)                    :U    M    70.4      :                    :U    E     0.7
:UN   E     0.1       :UN   E     0.3      :O    M    70.0       :=    A     0.6
                                                                 :BE
```

## Übung 8.5: Parkhaus

**Signalvorverarbeitung:**

Zähler         Z1

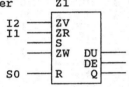

Vergleicher

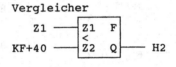

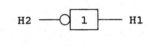

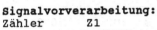

**Zustandsgraph:**

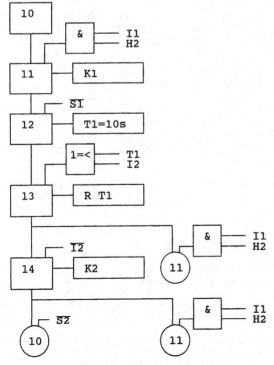

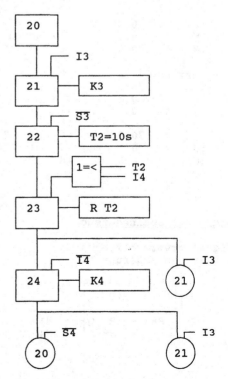

**Realisierung mit einer SPS:**
Zuordnung:

| | | | |
|---|---|---|---|
| S0 = E 0.0 | K1 = A 0.1 | M10 = M 70.0 | Richtimpuls: M 90.1 |
| I1 = E 0.1 | K2 = A 0.2 | M11 = M 70.1 | Hilfsmerker: M 90.0 |
| I2 = E 0.2 | K3 = A 0.3 | M12 = M 70.2 | Zeitglieder: T1, T2 |
| I3 = E 0.3 | K4 = A 0.4 | M13 = M 70.3 | |
| I4 = E 0.4 | H1 = A 0.5 | M20 = M 80.0 | |
| S1 = E 0.5 | H2 = A 0.6 | M21 = M 80.1 | |
| S2 = E 0.6 | | M22 = M 80.2 | |
| S3 = E 0.7 | | M23 = M 80.3 | |
| S4 = E 1.0 | | | |

**Anweisungsliste:**

```
Signalvorverarbeitung    :U    E     0.1    Zustand 20          :O    M     80.1
    :U    E     0.2       :U    A     0.6    :O    M     90.1    :R    M     80.3
    :ZV   Z     1         :S    M     70.1   :O
    :U    E     0.4       :U    M     70.2   :U    M     80.4    Zustand 24
    :ZR   Z     1         :R    M     70.1   :UN   E     1.0     :U    M     80.3
    :U    E     0.0                          :S    M     80.0    :UN   E     0.4
    :R    Z     1         Zustand 12         :U    M     80.1    :UN   E     0.3
    :                     :U    M     70.1   :R    M     80.0    :S    M     80.4
    :L    Z     1         :UN   E     0.5                        :O    M     80.0
    :L    KF   +40        :S    M     70.2   Zustand 21          :O    M     80.1
    :<=F                  :U    M     70.3   :U    M     80.0    :R    M     80.4
    :=    A     0.6       :R    M     70.2   :U    E     0.3
                                             :O                  Zeitglieder
    Richtimpuls           Zustand 13         :U    M     80.3    :U    M     70.2
    :UN   M     90.0      :U    M     70.2   :U    E     0.3     :L    KT 100.1
    :=    M     90.1      :U(                :O                  :SE   T     1
    :S    M     90.0      :O    T     1      :U    M     80.4    :U    M     70.3
                          :O    E     0.2    :U    E     0.3     :R    T     1
    Zustand 10            :)                 :S    M     80.1    :U    M     80.2
    :O    M     90.1      :S    M     70.3   :U    M     80.2    :L    KT 100.1
    :O                    :O    M     70.4   :R    M     80.1    :SE   T     2
    :U    M     70.4      :O    M     70.1                       :U    M     80.3
    :UN   E     0.6       :R    M     70.3   Zustand 22          :R    T     2
    :S    M     70.0                         :U    M     80.1
    :U    M     70.1      Zustand 14         :UN   E     0.7     Ausgangszuweisungen
    :R    M     70.0      :U    M     70.3   :S    M     80.2    :UN   A     0.6
                          :UN   E     0.2    :U    M     80.3    :=    A     0.5
    Zustand 11            :U(                :R    M     80.2    :U    M     70.1
    :U    M     70.0      :ON   E     0.1                        :U    E     0.5
    :U    E     0.1       :ON   A     0.6    Zustand 23          :=    A     0.1
    :U    A     0.6       :)                 :U    M     80.2    :U    M     70.4
    :O                    :S    M     70.4   :U(                 :U    E     0.6
    :U    M     70.3      :O    M     70.0   :O    T     2       :=    A     0.2
    :U    E     0.1       :O    M     70.1   :O    E     0.4     :U    M     80.1
    :U    A     0.6       :R    M     70.4   :)                  :U    E     0.7
    :O                                       :S    M     80.3    :=    A     0.3
    :U    M     70.4                         :O    M     80.4    :U    M     80.4
                                                                 :U    E     1.0
                                                                 :=    A     0.4
                                                                 :BE
```

### Übung 8.6 Speiseaufzug

**Signalvorverarbeitung:**

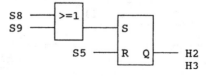

Aufwärtsanforderung

```
S7  ───┤>=1├──
S10 ───┤   ├──┐
              │  ┌───┐
              └──┤S  │
         S6 ─────┤R Q├─── H1
                 └───┘     H4
```

Abwärtsanforderung

```
S8  ───┤>=1├──
S9  ───┤   ├──┐
              │  ┌───┐
              └──┤S  │
         S5 ─────┤R Q├─── H2
                 └───┘     H3
```

**Zustandsgraph:**

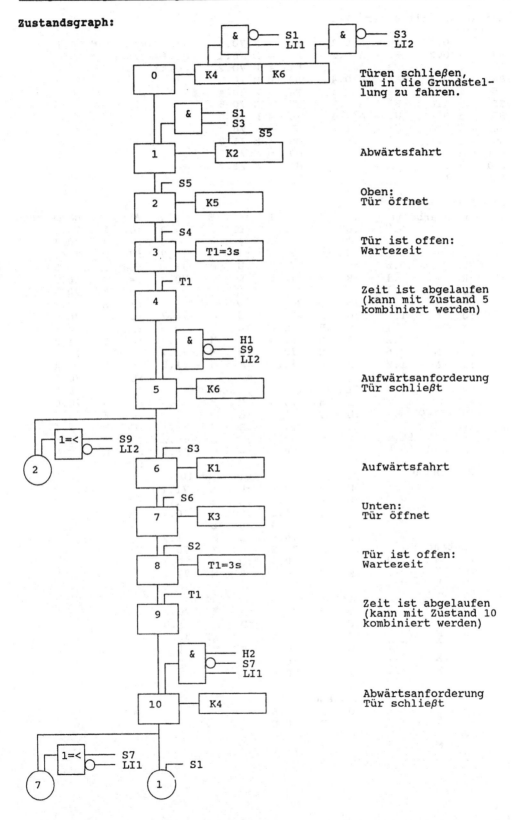

Zustand 0 (K4, K6): Türen schließen, um in die Grundstellung zu fahren.

Zustand 1 (K2): Abwärtsfahrt

Zustand 2 (K5): Oben: Tür öffnet

Zustand 3 (T1=3s): Tür ist offen: Wartezeit

Zustand 4: Zeit ist abgelaufen (kann mit Zustand 5 kombiniert werden)

Zustand 5 (K6): Aufwärtsanforderung Tür schließt

Zustand 6 (K1): Aufwärtsfahrt

Zustand 7 (K3): Unten: Tür öffnet

Zustand 8 (T1=3s): Tür ist offen: Wartezeit

Zustand 9: Zeit ist abgelaufen (kann mit Zustand 10 kombiniert werden)

Zustand 10 (K4): Abwärtsanforderung Tür schließt

## Realisierung mit einer SPS:

Zuordnung:

| | | | | | | | | |
|---|---|---|---|---|---|---|---|---|
| S1 | = E 0.1 | K1 | = A 0.1 | M0 | = M 70.0 | Richtimpuls: | M 90.1 |
| S2 | = E 0.2 | K2 | = A 0.2 | M1 | = M 70.1 | Hilfsmerker: | M 90.0 |
| S3 | = E 0.3 | K3 | = A 0.3 | M2 | = M 70.2 | Zeitglied: | T1 |
| S4 | = E 0.4 | K4 | = A 0.4 | M3 | = M 70.3 | | |
| S5 | = E 0.5 | H1 | = A 1.1 | M4 | = M 70.4 | | |
| S6 | = E 0.6 | H2 | = A 1.2 | M5 | = M 70.5 | | |
| S7 | = E 0.7 | H3 | = A 1.3 | M6 | = M 70.6 | | |
| S8 | = E 1.0 | H4 | = A 1.4 | M7 | = M 70.7 | | |
| S9 | = E 1.1 | | | M8 | = M 71.0 | | |
| S10 | = E 1.2 | | | M9 | = M 71.1 | | |
| LI1 | = E 1.3 | | | M10 | = M 71.2 | | |
| LI2 | = E 1.4 | | | | | | |

## Anweisungsliste:

```
Signalvorverarbeitung    :O    E     1.1     :O    E      0.7    Ausgabezuweisungen
   :O    E     0.7        :ON   E     1.4     :ON   E      1.3    :U    M    70.6
   :O    E     1.2        :)                  :)                  :=    A     0.1
   :S    A     1.1        :S    M    70.2     :S    M     70.7    :U    M    70.1
   :U    E     0.6        :U    M    70.3     :U    M     71.0    :UN   E     0.5
   :R    A     1.1        :R    M    70.2     :R    M     70.7    :=    A     0.2
   :U    A     1.1                                               :U    M    70.7
   :=    A     1.4        Zustand 3          Zustand 8           :=    A     0.3
   :O    E     1.0        :U    M    70.2     :U    M     70.7    :U    M    70.0
   :O    E     1.1        :U    E     0.4     :U    E      0.2    :UN   E     0.1
   :S    A     1.2        :S    M    70.3     :S    M     71.0    :U    E     1.3
   :U    E     0.5        :U    M    70.4     :U    M     71.1    :O    M    71.2
   :R    A     1.2        :R    M    70.3     :R    M     71.0    :=    A     0.4
   :U    A     1.2                                               :U    M    70.2
   :=    A     1.3        Zustand 4          Zustand 9           :=    A     0.5
                         :U    M    70.3     :U    M     71.0    :U    M    70.0
   Richtimpuls           :U    T     1       :U    T      1      :UN   E     0.3
   :UN   M    90.0       :S    M    70.4     :S    M     71.1    :U    E     1.4
   :=    M    90.1       :U    M    70.5     :U    M     71.2    :O    M    70.5
   :S    M    90.0       :R    M    70.4     :R    M     71.1    :=    A     0.6
                                                                :BE
   Zustand 0             Zustand 5          Zustand 10
   :U    M    90.1       :U    M    70.4     :U    M     71.1
   :S    M    70.0       :U    A     1.1     :U    A      1.2
   :U    M    70.1       :UN   E     1.1     :UN   E      0.7
   :R    M    70.0       :U    E     1.4     :U    E      1.3
                         :S    M    70.5     :S    M     71.2
   Zustand 1             :O    M    70.2     :O    M     70.1
   :U    M    70.0       :O    M    70.6     :O    M     70.7
   :U    E     0.1       :R    M    70.5     :R    M     71.2
   :U    E     0.3
   :O                    Zustand 6          Zeitglied
   :U    M    71.2       :U    M    70.5     :O    M     70.3
   :U    E     0.1       :U    E     0.3     :O    M     71.0
   :S    M    70.1       :S    M    70.6     :L    KT   030.1
   :O    M    70.2       :O    M    70.7     :SE   T      1
   :O    M    70.7       :O    M    70.2
   :R    M    70.1       :R    M    70.6

   Zustand 2             Zustand 7
   :U    M    70.1       :U    M    70.6
   :U    E     0.5       :U    E     0.6
   :O                    :O
   :U    M    70.5       :U    M     71.2
   :U(                   :U(
```

## Übung 9.1: Biegewerkzeug

Ablaufkette:

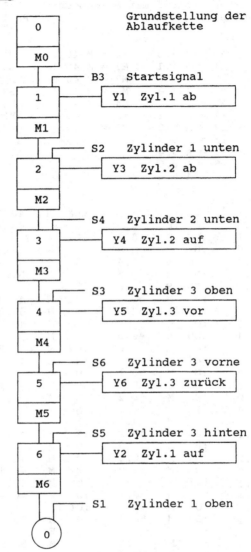

Grundstellung der
Ablaufkette

Grundstellung der Anlage:

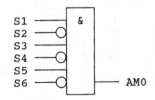

**Realisierung mit einer SPS:**

PB 10: Betriebsartenteil mit Meldungen    PB 12: Schrittanzeige
PB 11: Ablaufkette                        PB 13: Befehlsausgabe

**Zuordnung:**

```
E1 = E 1.1    A0 = A 1.0    M0 = M 40.0    B0  = M 50.0
E2 = E 1.2    A1 = A 1.1    M1 = M 40.1    B1  = M 50.1
E3 = E 1.3    A2 = A 1.2    M2 = M 40.2    B2  = M 50.2
E4 = E 1.4    A3 = A 1.3    M3 = M 40.3    B3  = M 50.3
S0 = E 0.0    A4 = A 1.4    M4 = M 40.4    B4  = M 50.4
S1 = E 0.1    Y1 = A 0.1    M5 = M 40.5    AM0 = M 51.0
S2 = E 0.2    Y2 = A 0.2    M6 = M 40.6    B10 = M 52.0
S3 = E 0.3    Y3 = A 0.3                   B11 = M 52.1
S4 = E 0.4    Y4 = A 0.4                   B12 = M 52.2
S5 = E 0.5    Y5 = A 0.5
S6 = E 0.6    Y6 = A 0.6
```

**Anweisungsliste:**

```
PB10              PB11                    :UN  M   40.1     PB12
:U   E    1.2     :U   E    0.1     :U    M   40.2     :O   M   40.0
:UN  M   52.1     :UN  E    0.2     :U(                :O   M   40.1
:=   M   52.0     :U   E    0.3     :U    M   50.1     :O   M   40.3
:U   M   52.0     :UN  E    0.4     :U    E    0.4     :O   M   40.5
:S   M   52.1     :U   E    0.5     :O    M   50.2     :=   A    1.0
:UN  E    1.2     :UN  E    0.6     :)                 :O   M   40.0
:R   M   52.1     :=   M   51.0     :S    M   40.3     :O   M   40.2
:U   M   52.0     :O   M   50.0     :O    M   50.0     :O   M   40.3
:U   M   51.0     :O                :O    M   40.4     :O   M   40.6
:UN  A    1.4     :UN  M   40.5     :R    M   40.3     :=   A    1.1
:U   E    1.1     :U   M   40.6     :UN   M   40.2     :O   M   40.0
:UN  M   40.0     :U(               :U    M   40.3     :O   M   40.4
:=   M   50.0     :U   M   50.1     :U(                :O   M   40.5
:U   M   51.0     :U   E    0.1     :U    M   50.1     :O   M   40.6
:U   M   52.0     :O   M   50.2     :U    E    0.3     :=   A    1.2
:U   M   40.0     :)                :O    M   50.2     :BE
:S   A    1.4     :S   M   40.0     :)
:ON  E    1.1     :U   M   40.1     :S    M   40.4
:O                :R   M   40.0     :O    M   50.0
:U   M   52.2     :UN  M   40.6     :O    M   40.5     PB 13
:U   M   40.0     :U   M   40.0     :R    M   40.4     :U   M   50.4
:R   A    1.4     :U(               :UN   M   40.3     :U   M   40.1
:U   A    1.4     :U   M   50.1     :U    M   40.4     :=   A    0.1
:=   M   50.1     :U   M   50.3     :U(                :U   M   50.4
:U   A    1.4     :O   M   50.2     :U    M   50.1     :U   M   40.6
:U   E    1.4     :)                :U    E    0.6     :=   A    0.2
:S   M   52.2     :S   M   40.1     :O    M   50.2     :U   M   50.4
:UN  A    1.4     :O   M   50.0     :)                 :U   M   40.2
:R   M   52.2     :O   M   40.2     :S    M   40.5     :=   A    0.3
:U   M   52.0     :R   M   40.1     :O    M   50.0     :U   M   50.4
:UN  E    1.1     :UN  M   40.0     :O    M   40.6     :U   M   40.3
:=   M   50.2     :U   M   40.1     :R    M   40.5     :=   A    0.4
:U   E    0.0     :U(               :UN   M   40.4     :U   M   50.4
:U   M   51.0     :U   M   50.1     :U    M   40.5     :U   M   40.4
:=   M   50.3     :U   E    0.2     :U(                :=   A    0.5
:O   A    1.4     :O   M   50.2     :U    M   50.1     :U   M   50.4
:O                :)                :U    E    0.5     :U   M   40.5
:UN  E    1.1     :S   M   40.2     :O    M   50.2     :=   A    0.6
:U   E    1.3     :O   M   50.0     :)                 :BE
:=   M   50.4     :O   M   40.3     :S    M   40.6
:BE               :R   M   40.2     :O    M   50.0
                                    :O    M   40.0
                                    :R    M   40.6
                                    :BE
```

## Übung 9.2: **Rohrbiegeanlage**

Ablaufkette:

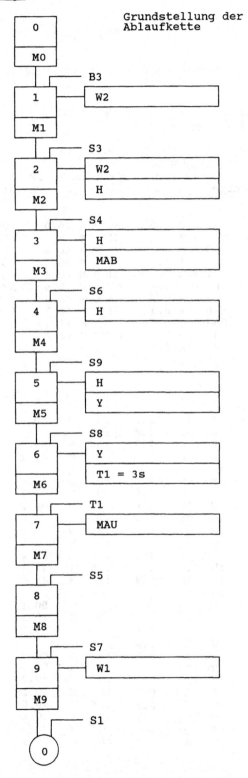

Grundstellung der
Ablaufkette

Grundstellung der Anlage:

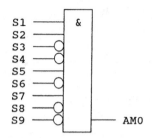

## Realisierung mit einer SPS:
PB 10: Betriebsartenteil mit Meldungen    PB 12: Schrittanzeige
PB 11: Ablaufkette                               PB 13: Befehlsausgabe

Zuordnung:

```
E1 = E 1.1      A0 = A 1.0      M0 = M 40.0      B0 = M 50.0
E2 = E 1.2      A1 = A 1.1      M1 = M 40.1      B1 = M 50.1
E3 = E 1.3      A2 = A 1.2      M2 = M 40.2      B2 = M 50.2
E4 = E 1.4      A3 = A 1.3      M3 = M 40.3      B3 = M 50.3
S0 = E 0.0      A4 = A 1.4      M4 = M 40.4      B4 = M 50.4
S1 = E 0.1      W1 = A 0.1      M5 = M 40.5      AM0 = M 51.0
S2 = E 0.2      W2 = A 0.2      M6 = M 40.6      B10 = M 52.0
S3 = E 0.3      MAB = A 0.3     M7 = M 40.7      B11 = M 52.1
S4 = E 0.4      MAU = A 0.4     M8 = M 41.0      B12 = M 52.2
S5 = E 0.5      H  = A 0.5      M9 = M 41.1
S6 = E 0.6      Y  = A 0.6
S7 = E 0.7
S8 = E 1.5
S9 = E 1.6
```

## Anweisungsliste:

```
PB 10            :S  M 52.2     :O  M 50.0         :U  E 0.3
:U  E 1.2        :UN A 1.4      :O                 :O  M 50.2
:UN M 52.1       :R  M 52.2     :UN M 41.0         :)
:=  M 52.0       :U  M 52.0     :U  M 41.1         :S  M 40.2
:U  M 52.0       :UN E 1.1      :U(                :O  M 50.0
:S  M 52.1       :=  M 50.2     :U  M 51.1         :O  M 40.3
:UN E 1.2        :U  E 0.0      :U  E 0.1          :R  M 40.2
:R  M 52.1       :U  M 51.0     :O  M 50.2         :UN M 40.1
:U  M 52.0       :=  M 50.3     :)                 :U  M 40.2
:U  M 51.0       :O  A 1.4      :S  M 40.0         :U(
:UN A 1.4        :O             :U  M 40.1         :U  M 50.1
:U  E 1.1        :UN E 1.1      :R  M 40.0         :U  E 0.4
:UN M 40.0       :U  E 1.3      :UN M 41.1         :O  M 50.2
:=  M 50.0       :=  M 50.4     :U  M 40.0         :)
:U  M 51.0       :BE            :U(                :S  M 40.3
:U  M 52.0                      :U  M 50.1         :O  M 50.0
:U  M 40.0       PB 11          :U  M 50.3         :O  M 40.4
:S  A 1.4        :U  E 0.1      :O  M 50.2         :R  M 40.3
:ON E 1.1        :U  E 0.2      :)                 :UN M 40.2
:O               :UN E 0.3      :S  M 40.1         :U  M 40.3
:U  M 52.2       :UN E 0.4      :O  M 50.0         :U(
:U  M 40.0       :U  E 0.5      :O  M 40.2         :U  M 50.1
:R  A 1.4        :UN E 0.6      :R  M 41.1         :U  E 0.6
:U  A 1.4        :U  E 0.7      :UN M 40.0         :O  M 50.2
:=  M 50.1       :UN E 1.5      :U  M 40.1         :)
:U  A 1.4        :UN E 1.6      :U(                :S  M 40.4
:U  E 1.4        :=  M 51.0     :U  M 50.1         :O  M 50.0
```

```
:O   M   40.5      :U(                :O   M   40.7      :=   A    0.5
:R   M   40.4      :U   M   50.1      :=   A    1.1      :U   M   50.4
:UN  M   40.3      :U   E    0.5      :O   M   40.0      :U(
:U   M   40.4      :O   M   50.2      :O   M   40.4      :O   M   40.5
:U(                :)                 :O   M   40.5      :O   M   40.6
:U   M   50.1      :S   M   41.0      :O   M   40.6      :)
:U   E    1.6      :O   M   50.0      :O   M   40.7      :=   A    0.6
:O   M   50.2      :O   M   41.1      :=   A    1.2      :BE
:)                 :R   M   41.0      :O   M   40.0
:S   M   40.5      :UN  M   40.7      :O   M   41.0
:O   M   50.0      :U   M   41.0      :O   M   41.1
:O   M   40.6      :U(                :=   A    1.3
:R   M   40.5      :U   M   50.1      :BE
:UN  M   40.4      :U   E    0.7
:U   M   40.5      :O   M   50.2      PB 13
:U(                :)                 :U   M   50.4
:U   M   50.1      :S   M   41.1      :U   M   41.1
:U   E    1.5      :O   M   50.0      :=   A    0.1
:O   M   50.2      :O   M   40.0      :U   M   50.4
:)                 :R   M   41.1      :U(
:S   M   40.6      :U   M   40.6      :O   M   40.1
:O   M   50.0      :L   KT 030.1      :O   M   40.2
:O   M   40.7      :SE  T    1        :)
:R   M   40.6      :BE                :=   A    0.2
:UN  M   40.5                         :U   M   50.4
:U   M   40.6      PB 12              :U   M   40.3
:U(                :O   M   40.0      :=   A    0.3
:U   M   50.1      :O   M   40.1      :U   M   50.4
:U   T    1        :O   M   40.3      :U   M   40.7
:O   M   50.2      :O   M   40.5      :=   A    0.4
:)                 :O   M   40.7      :U   M   50.4
:S   M   40.7      :O   M   41.1      :U(
:O   M   50.0      :=   A    1.0      :O   M   40.2
:O   M   41.0      :O   M   40.0      :O   M   40.3
:R   M   40.7      :O   M   40.2      :O   M   40.4
:UN  M   40.6      :O   M   40.3      :O   M   40.5
:U   M   40.7      :O   M   40.6      :)
```

## Übung 9.3: Farbspritzmaschine

Ablaufkette:

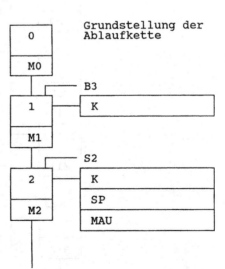

Grundstellung der
Ablaufkette

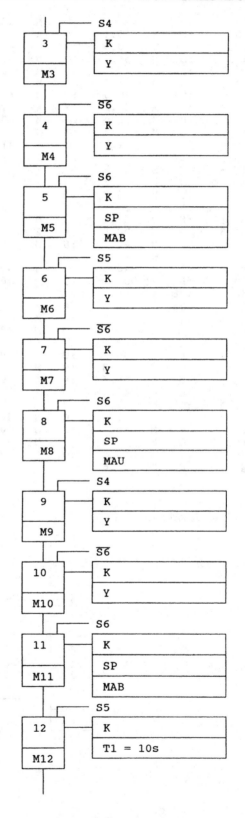

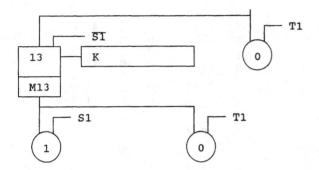

Grundstellung der Anlage:

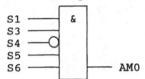

## Realisierung mit einer SPS:

PB 10: Betriebsartenteil mit Meldungen     PB 12: Schrittanzeige
PB 11: Ablaufkette                               PB 13: Befehlsausgabe

Zuordnung:

| | | | |
|---|---|---|---|
| E1 = E 1.1 | A0 = A 1.0 | M0  = M 40.0 | B0 = M 50.0 |
| E2 = E 1.2 | A1 = A 1.1 | M1  = M 40.1 | B1 = M 50.1 |
| E3 = E 1.3 | A2 = A 1.2 | M2  = M 40.2 | B2 = M 50.2 |
| E4 = E 1.4 | A3 = A 1.3 | M3  = M 40.3 | B3 = M 50.3 |
| S0 = E 0.0 | A4 = A 1.4 | M4  = M 40.4 | B4 = M 50.4 |
| S1 = E 0.1 | K = A 0.1 | M5  = M 40.5 | AM0 = M 51.0 |
| S2 = E 0.2 | SP = A 0.2 | M6  = M 40.6 | B10 = M 52.0 |
| S3 = E 0.3 | MAU = A 0.3 | M7  = M 40.7 | B11 = M 52.1 |
| S4 = E 0.4 | MAB = A 0.4 | M8  = M 41.0 | B12 = M 52.2 |
| S5 = E 0.5 | Y = A 0.5 | M9  = M 41.1 | |
| S6 = E 0.6 | | M10 = M 41.2 | |
| | | M11 = M 41.3 | |
| | | M12 = M 41.4 | |
| | | M13 = M 41.5 | |

## Anweisungsliste:

| PB 10 | | | | :U | M | 40.0 | PB 11 | | | :U | M | 41.4 |
|---|---|---|---|---|---|---|---|---|---|---|---|---|
| :U | E | 1.2 | | :R | A | 1.4 | Grundstellung | | | :U | M | 50.1 |
| :UN | M | 52.1 | | :U | A | 1.4 | :U | E | 0.1 | :U | T | 1 |
| := | M | 52.0 | | := | M | 50.1 | :U | E | 0.3 | :S | M | 40.0 |
| :U | M | 52.0 | | :U | A | 1.4 | :UN | E | 0.4 | :U | M | 40.1 |
| :S | M | 52.1 | | :U | E | 1.4 | :U | E | 0.5 | :R | M | 40.0 |
| :UN | E | 1.2 | | :S | M | 52.2 | :U | E | 0.6 | | | |
| :R | M | 52.1 | | :UN | A | 1.4 | := | M | 51.0 | Schritt 1 | | |
| :U | M | 52.0 | | :R | M | 52.2 | | | | :UN | M | 41.5 |
| :U | M | 51.0 | | :U | M | 52.0 | Schritt 0 | | | :U | M | 40.0 |
| :UN | A | 1.4 | | :UN | E | 1.1 | :O | M | 50.0 | :U( | | |
| :U | E | 1.1 | | := | M | 50.2 | :O | | | :U | M | 50.1 |
| :UN | M | 40.0 | | :U | E | 0.0 | :UN | M | 41.4 | :U | M | 50.3 |
| := | M | 50.0 | | :U | M | 51.0 | :U | M | 41.5 | :O | M | 50.2 |
| :U | M | 51.0 | | := | M | 50.3 | :U( | | | :) | | |
| :U | M | 52.0 | | :O | A | 1.4 | :U | M | 50.1 | :O | | |
| :U | M | 40.0 | | :O | | | :U | T | 1 | :UN | M | 41.4 |
| :S | A | 1.4 | | :UN | E | 1.1 | :O | M | 50.2 | :U | M | 41.5 |
| :ON | E | 1.1 | | :U | E | 1.3 | :) | | | :U | M | 50.1 |
| :O | | | | := | M | 50.4 | :O | | | :U | E | 0.1 |
| :U | M | 52.2 | | :BE | | | :UN | M | 41.3 | :S | M | 40.1 |

| | | | |
|---|---|---|---|
| :O   M   50.0 | :O   M   50.0 | :O   M   50.0 | :O   M   40.0 |
| :O   M   40.2 | :O   M   40.7 | :O   M   41.4 | :O   M   41.0 |
| :R   M   40.1 | :R   M   40.6 | :R   M   41.3 | :O   M   41.1 |
| **Schritt 2** | **Schritt 7** | **Schritt 12** | :O   M   41.2 |
| :UN  M   40.0 | :UN  M   40.5 | :UN  M   41.2 | :O   M   41.3 |
| :U   M   40.1 | :U   M   40.6 | :U   M   41.3 | :O   M   41.4 |
| :U( | :U( | :U( | :O   M   41.5 |
| :U   M   50.1 | :U   M   50.1 | :U   M   50.1 | :=   A   1.3 |
| :U   E   0.2 | :UN  E   0.6 | :U   E   0.5 | :BE |
| :O   M   50.2 | :O   M   50.2 | :O   M   50.2 | |
| :) | :) | :) | **PB 13** |
| :S   M   40.2 | :S   M   40.7 | :S   M   41.4 | :U   M   50.4 |
| :O   M   50.0 | :O   M   50.0 | :O   M   50.0 | :U( |
| :O   M   40.3 | :O   M   41.0 | :O   M   40.0 | :O   M   40.1 |
| :R   M   40.2 | :R   M   40.7 | :O   M   41.5 | :O   M   40.2 |
| **Schritt 3** | **Schritt 8** | :R   M   41.4 | :O   M   40.3 |
| :UN  M   40.1 | :UN  M   40.6 | **Schritt 13** | :O   M   40.4 |
| :U   M   40.2 | :U   M   40.7 | :UN  M   41.3 | :O   M   40.5 |
| :U( | :U( | :U   M   41.4 | :O   M   40.6 |
| :U   M   50.1 | :U   M   50.1 | :U( | :O   M   40.7 |
| :U   E   0.4 | :U   E   0.6 | :U   M   50.1 | :O   M   41.0 |
| :O   M   50.2 | :O   M   50.2 | :UN  E   0.1 | :O   M   41.1 |
| :) | :) | :O   M   50.2 | :O   M   41.2 |
| :S   M   40.3 | :S   M   41.0 | :) | :O   M   41.3 |
| :O   M   50.0 | :O   M   50.0 | :S   M   41.5 | :O   M   41.4 |
| :O   M   40.4 | :O   M   41.1 | :O   M   50.0 | :O   M   41.5 |
| :R   M   40.3 | :R   M   41.0 | :O   M   40.0 | :) |
| **Schritt 4** | **Schritt 9** | :O   M   40.1 | :=   A   0.1 |
| :UN  M   40.2 | :UN  M   40.7 | :R   M   41.5 | :U   M   50.4 |
| :U   M   40.3 | :U   M   41.0 | **Zeitglied** | :U( |
| :U( | :U( | :O   M   41.4 | :O   M   40.2 |
| :U   M   50.1 | :U   M   50.1 | :O   M   41.5 | :O   M   40.5 |
| :UN  E   0.6 | :U   E   0.4 | :L   KT 100.1 | :O   M   41.0 |
| :O   M   50.2 | :O   M   50.2 | :SE  T     1 | :O   M   41.3 |
| :) | :) | :BE | :) |
| :S   M   40.4 | :S   M   41.1 | | :=   A   0.2 |
| :O   M   50.0 | :O   M   50.0 | **PB 12** | :U   M   50.4 |
| :O   M   40.5 | :O   M   41.2 | :O   M   40.0 | :U( |
| :R   M   40.4 | :R   M   41.1 | :O   M   40.1 | :O   M   40.2 |
| **Schritt 5** | **Schritt 10** | :O   M   40.3 | :O   M   41.0 |
| :UN  M   40.3 | :UN  M   41.0 | :O   M   40.5 | :) |
| :U   M   40.4 | :U   M   41.1 | :O   M   40.7 | :=   A   0.3 |
| :U( | :U( | :O   M   41.1 | :U   M   50.4 |
| :U   M   50.1 | :U   M   50.1 | :O   M   41.3 | :U( |
| :U   E   0.6 | :UN  E   0.6 | :O   M   41.5 | :O   M   40.5 |
| :O   M   50.2 | :O   M   50.2 | :=   A   1.0 | :O   M   41.3 |
| :) | :) | :O   M   40.0 | :) |
| :S   M   40.5 | :S   M   41.2 | :O   M   40.2 | :=   A   0.4 |
| :O   M   50.0 | :O   M   50.0 | :O   M   40.3 | :U   M   50.4 |
| :O   M   40.6 | :O   M   41.3 | :O   M   40.6 | :U( |
| :R   M   40.5 | :R   M   41.2 | :O   M   40.7 | :O   M   40.3 |
| **Schritt 6** | **Schritt 11** | :O   M   41.2 | :O   M   40.4 |
| :UN  M   40.4 | :UN  M   41.1 | :O   M   41.3 | :O   M   40.6 |
| :U   M   40.5 | :U   M   41.2 | :=   A   1.1 | :O   M   40.7 |
| :U( | :U( | :O   M   40.0 | :O   M   41.1 |
| :U   M   50.1 | :U   M   50.1 | :O   M   40.4 | :O   M   41.2 |
| :U   E   0.5 | :U   E   0.6 | :O   M   40.5 | :) |
| :O   M   50.2 | :O   M   50.2 | :O   M   40.6 | :=   A   0.5 |
| :) | :) | :O   M   40.7 | :BE |
| :S   M   40.6 | :S   M   41.3 | :O   M   41.4 | |
| | | :O   M   41.5 | |
| | | :=   A   1.2 | |

**Übung 9.4: Sortieranlage**
Ablaufkette:

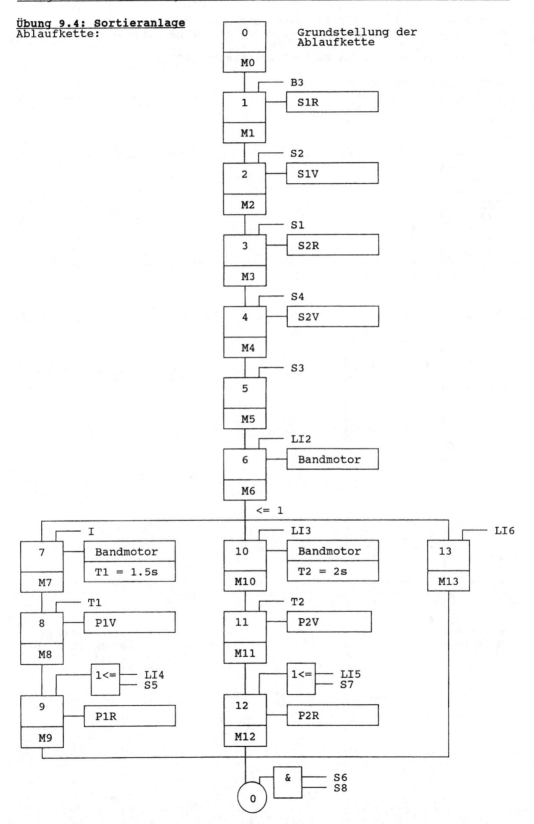

Bei der Betriebsart "Weiterschalten ohne Bedingungen" werden die
Schritte der Ablaufkette in der numerischen Reihenfolge durchlaufen.

**Funktionsplan des Programmteils Schrittkette (PB11)**

Grundstellung der Anlage:

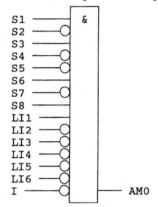

Schritt 0:

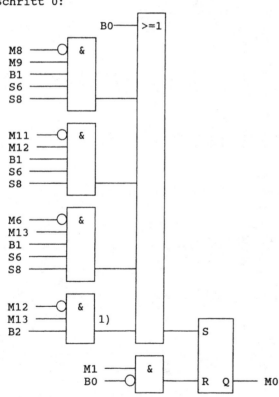

1) Für Weiterschalten
   ohne Bedingungen (B2)
   von Schritt 13
   nach Schritt 0.

**Schritt 1:**

**Schritt 2:**

**Schritt 3:**

**Schritt 4:**

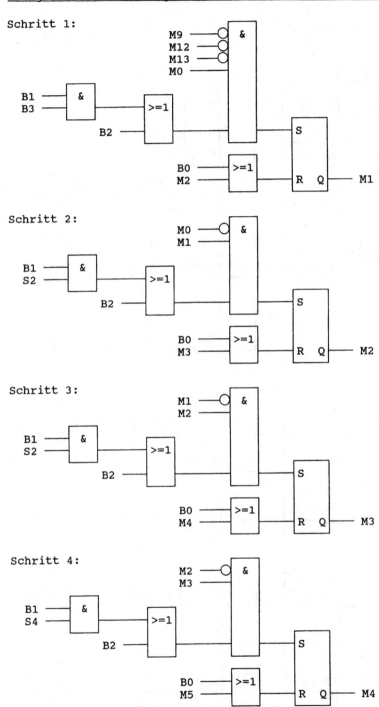

Schritt 5:

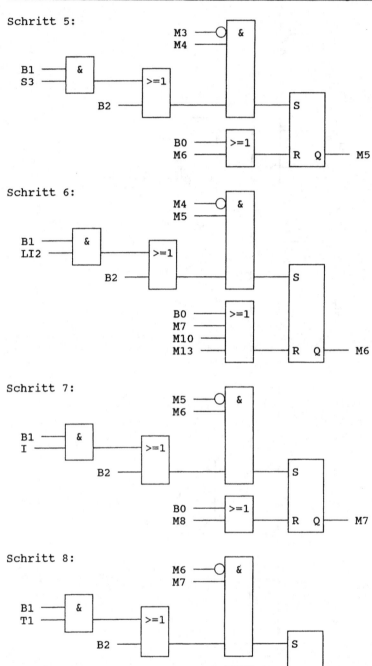

Schritt 6:

Schritt 7:

Schritt 8:

**Schritt 9:**

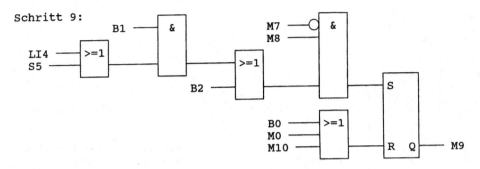

**Schritt 10:**

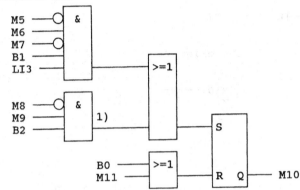

1) Für Weiterschalten ohne
   Bedingungen (B2)
   von Schritt 9
   nach Schritt 10.

**Schritt 11:**

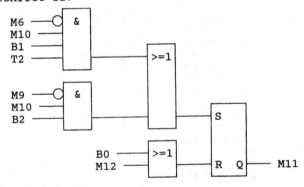

**Schritt 12:**

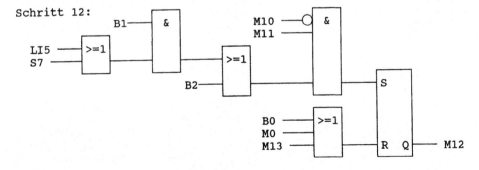

Schritt 13:

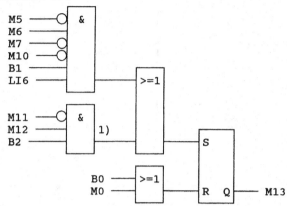

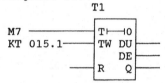

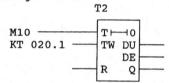

1) Für Weiterschalten ohne
   Bedingungen (B2)
   von Schritt 12
   nach Schritt 13.

Zeitglied T1:                               Zeitglied T2:

```
                 T1                                          T2
M7 ───────────┤ T├──┤0                  M10 ──────────────┤ T├──┤0
KT 015.1──────┤ TW  DU ├──               KT 020.1 ────────┤ TW  DU ├──
              │      DE ├──                               │      DE ├──
              ┤ R   Q  ├                                  ┤ R   Q  ├
```

**Realisierung mit einer SPS:**

PB 10: Betriebsartenteil mit Meldungen        PB 12: Schrittanzeige
PB 11: Ablaufkette                             PB 13: Befehlsausgabe

Zuordnung:

| | | | |
|---|---|---|---|
| E1 = E 1.1 | A0 = A 1.0 | M0 = M 40.0 | B0 = M 50.0 |
| E2 = E 1.2 | A1 = A 1.1 | M1 = M 40.1 | B1 = M 50.1 |
| E3 = E 1.3 | A2 = A 1.2 | M2 = M 40.2 | B2 = M 50.2 |
| E4 = E 1.4 | A3 = A 1.3 | M3 = M 40.3 | B3 = M 50.3 |
| S1 = E 14.1 | A4 = A 1.4 | M4 = M 40.4 | B4 = M 50.4 |
| S2 = E 14.2 | S1R = A 18.0 | M5 = M 40.5 | AM0 = M 51.0 |
| S3 = E 14.3 | S1V = A 18.1 | M6 = M 40.6 | B10 = M 52.0 |
| S4 = E 14.4 | S2R = A 18.2 | M7 = M 40.7 | B11 = M 52.1 |
| S5 = E 14.5 | S2V = A 18.3 | M8 = M 41.0 | B12 = M 52.2 |
| S6 = E 14.6 | P1V = A 18.4 | M9 = M 41.1 | B13 = M 52.3 |
| S7 = E 14.7 | P1R = A 18.5 | M10 = M 41.2 | |
| S8 = E 15.0 | P2V = A 18.6 | M11 = M 41.3 | |
| LI1 = E 15.1 | P2R = A 18.7 | M12 = M 41.4 | |
| LI2 = E 15.2 | M = A 19.0 | M13 = M 41.5 | |
| LI3 = E 15.3 | | | |
| LI4 = E 15.4 | | | |
| LI5 = E 15.5 | | | |
| LI6 = E 15.6 | | | |
| I = E 15.7 | | | |

**Anweisungsliste:**

```
PB 10
:U    E    1.2
:UN   M   52.1
:=    M   52.0
:U    M   52.0
:S    M   52.1
:UN   E    1.2
:R    M   52.1
:U    M   52.0
:U    M   51.0
:UN   A    1.4
:U    E    1.1
:UN   M   40.0
:=    M   50.0
:U    M   51.0
:U    M   52.0
:U    M   40.0
:S    A    1.4
:ON   E    1.1
:O
:U    M   52.2
:U    M   40.0
:R    A    1.4
:U    A    1.4
:=    M   50.1
:U    A    1.4
:U    E    1.4
:S    M   52.2
:UN   A    1.4
:R    M   52.2
:U    M   52.0
:UN   E    1.1
:=    M   50.2
:U    E    1.2
:S    M   52.3
:UN   M   50.1
:R    M   52.3
:U    M   52.3
:U    M   51.0
:=    M   50.3
:O    A    1.4
:O
:UN   E    1.1
:U    E    1.3
:=    M   50.4
:BE

PB 11
Grundstellung
:U    E   14.1
:UN   E   14.2
:U    E   14.3
:UN   E   14.4
:UN   E   14.5
:U    E   14.6
:UN   E   14.7
:U    E   15.0
:U    E   15.1
:UN   E   15.2
:UN   E   15.3
:UN   E   15.4
:UN   E   15.5
:UN   E   15.6
:UN   E   15.7
:=    M   51.0

Schritt 0
:O    M   50.0
:O
:UN   M   41.0
:U    M   41.1
:U    M   50.1
:U    E   14.6
:U    E   15.0
:O
:UN   M   41.3
:U    M   41.4
:U    M   50.1
:U    E   14.6
:U    E   15.0
:O
:UN   M   40.6
:U    M   41.5
:U    E   14.6
:U    E   15.0
:O
:UN   M   41.4
:U    M   41.5
:U    M   50.2
:S    M   40.0
:U    M   40.1
:UN   M   50.0
:R    M   40.0

Schritt 1
:UN   M   41.1
:UN   M   41.4
:UN   M   41.5
:U    M   40.0
:U(
:U    M   50.1
:U    M   50.3
:O    M   50.2
:)
:S    M   40.1
:O    M   50.0
:O    M   40.2
:R    M   40.1

Schritt 2
:UN   M   40.0
:U    M   40.1
:U(
:U    M   50.1
:U    E   14.2
:O    M   50.2
:)
:S    M   40.2
:O    M   50.0
:O    M   40.3
:R    M   40.2

Schritt 3
:UN   M   40.1
:U    M   40.2
:U(
:U    M   50.1
:U    E   14.1
:O    M   50.2
:)
:S    M   40.3
:O    M   50.0
:O    M   40.4
:R    M   40.3

Schritt 4
:UN   M   40.2
:U    M   40.3
:U(
:U    M   50.1
:U    E   14.4
:O    M   50.2
:)
:S    M   40.4
:O    M   50.0
:O    M   40.5
:R    M   40.4

Schritt 5
:UN   M   40.3
:U    M   40.4
:U(
:U    M   50.1
:U    E   14.3
:O    M   50.2
:)
:S    M   40.5
:O    M   50.0
:O    M   40.6
:R    M   40.5

Schritt 6
:UN   M   40.4
:U    M   40.5
:U(
:U    M   50.1
:U    E   15.2
:O    M   50.2
:)
:S    M   40.6
:O    M   50.0
:O    M   40.7
:O    M   41.2
:O    M   41.5
:R    M   40.6

Schritt 7
:UN   M   40.5
:U    M   40.6
:U(
:U    M   50.1
:U    E   15.7
:O    M   50.2
:)
:S    M   40.7
:O    M   50.0
:O    M   41.0
:R    M   40.7

Schritt 8
:UN   M   40.6
:U    M   40.7
:U(
:U    M   50.1
:U    T    1
:O    M   50.2
:)
:S    M   41.0
:O    M   50.0
:O    M   41.1
:R    M   41.0

Schritt 9
:UN   M   40.7
:U    M   41.0
:U(
:U    M   50.1
:U(
:O    E   15.4
:O    E   14.5
:)
:O    M   50.2
:)
:S    M   41.1
:O    M   50.0
:O    M   40.0
:O    M   41.2
:R    M   41.1

Schritt 10
:UN   M   40.5
:U    M   40.6
:UN   M   40.7
:U    M   50.1
:U    E   15.3
:O
:UN   M   41.0
:U    M   41.1
:U    M   52.2
:S    M   41.2
:O    M   50.0
:O    M   41.3
:R    M   41.2

Schritt 11
:UN   M   40.6
:U    M   41.2
:U    M   50.1
:U    T    2
:O
:UN   M   41.1
:U    M   41.2
:U    M   50.2
:S    M   41.3
```

```
:O    M    50.0      Zeitglieder        :O    M    40.0      :U    M    50.4
:O    M    41.4      :U    M    40.7    :O    M    41.0      :U    M    41.3
:R    M    41.3      :L    KT 015.1     :O    M    41.1      :UN   E    14.7
                     :SE   T     1      :O    M    41.2      :=    A    18.6
Schritt 12           :U    M    41.2    :O    M    41.3      :U    M    50.4
:UN   M    41.2      :L    KT 020.1     :O    M    41.4      :U    M    41.4
:U    M    41.3      :SE   T     2      :O    M    41.5      :UN   E    15.0
:U(                  :BE                :=    A     1.3      :=    A    18.7
:U    M    50.1                         :BE                  :U    M    50.4
:U(                  PB 12                                   :U(
:O    E    15.5      :O    M    40.0    PB 13                :O    M    40.6
:O    E    14.7      :O    M    40.1    :U    M    50.4      :O    M    40.7
:)                   :O    M    40.3    :U    M    40.1      :O    M    41.2
:O    M    50.2      :O    M    40.5    :UN   E    14.2      :)
:)                   :O    M    40.7    :=    A    18.0      :=    A    19.0
:S    M    41.4      :O    M    41.1    :U    M    50.4      :BE
:O    M    50.0      :O    M    41.3    :U    M    40.2
:O    M    40.0      :O    M    41.5    :UN   E    14.1
:O    M    41.5      :=    A     1.0    :=    A    18.1
:R    M    41.4      :O    M    40.0    :U    M    50.4
                     :O    M    40.2    :U    M    40.3
Schritt 13           :O    M    40.3    :UN   E    14.4
:UN   M    40.5      :O    M    40.6    :=    A    18.2
:U    M    40.6      :O    M    40.7    :U    M    50.4
:UN   M    40.7      :O    M    41.2    :U    M    40.4
:UN   M    41.2      :O    M    41.3    :UN   E    14.3
:U    M    50.1      :=    A     1.1    :=    A    18.3
:U    E    15.6      :O    M    40.0    :U    M    50.4
:O                   :O    M    40.4    :U    M    41.0
:UN   M    41.3      :O    M    40.5    :UN   E    14.5
:U    M    41.4      :O    M    40.6    :=    A    18.4
:U    M    50.2      :O    M    40.7    :U    M    50.4
:S    M    41.5      :O    M    41.4    :U    M    41.1
:O    M    50.0      :O    M    41.5    :UN   E    14.6
:O    M    40.0      :=    A     1.2    :=    A    18.5
:R    M    41.5
```

## Übung 9.5: Chargenbetrieb

Ablaufkette

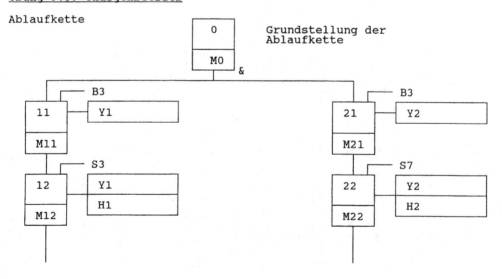

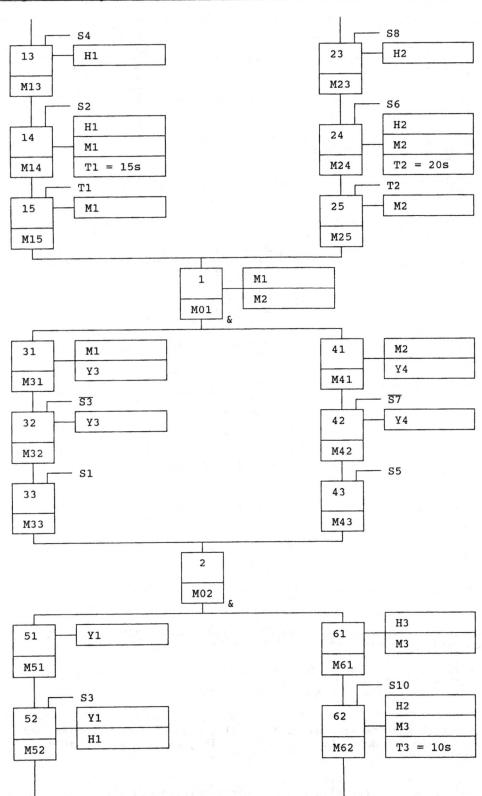

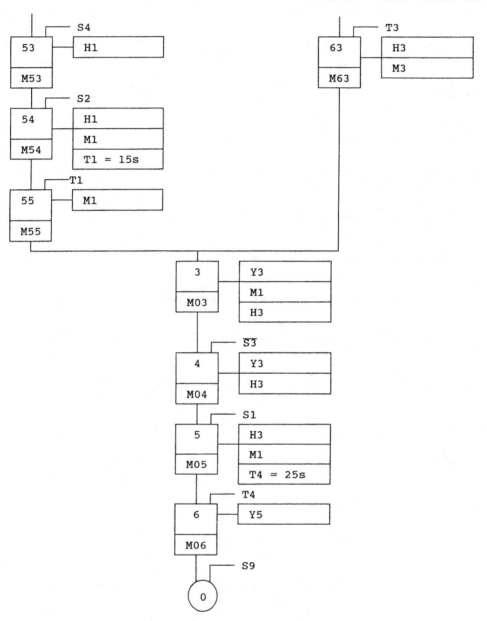

Bei der Betriebsart "Weiterschalten ohne Bedingungen" werden die
Schritte der Ablaufkette in folgender Reihenfolge durchlaufen:

```
0 - 11 - 12 - 13 - 14 - 15 - 21 - 22 - 23 - 24 - 25 -
1 - 31 - 32 - 33 - 41 - 42 - 43 -
2 - 51 - 52 - 53 - 54 - 55 - 61 - 62 - 63 -
3 - 4 - 5 - 6 - 0
```

Die Schrittanzeige kann mit 6 Anzeigeleuchten A0 - A5 erfolgen, wobei
jede Stelle der Schritte oktalcodiert mit jeweils drei Leuchten
angezeigt wird.

```
A5  A4  A3     A2  A1  A0
2.Stelle       1.Stelle          der Schrittanzeige
```

Da die Ablaufkette sich gleichzeitig in zwei Schritten befinden kann,
werden mit der Schrittanzeige nur folgende Schritte angezeigt:

0,11,12,13,14,15,1,31,32,33,2,51,52,53,54,55,3,4,5,6

Anzeige der Betriebsart Automatik: A6
Im Betriebsartenteil (PB10) ist diese Veränderung zu berücksichtigen.

**Funktionsplan des Programmteils Schrittkette (PB11):**

Grundstellung der Anlage:

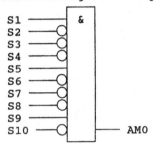

Schritt 0:

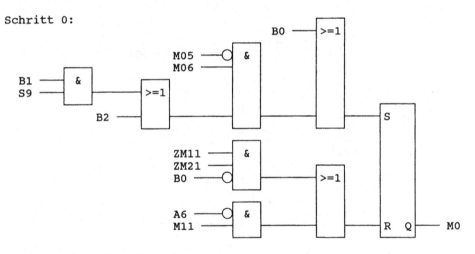

Schritt 11:

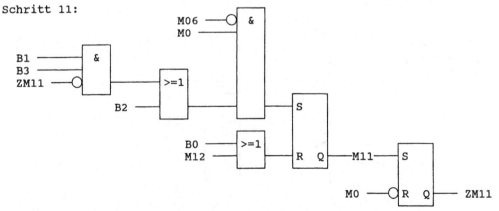

Schritt 12:

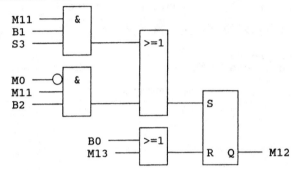

Schritt 13:

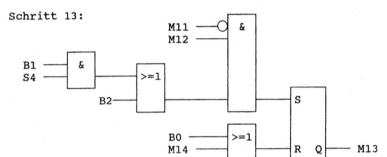

Schritt 14:

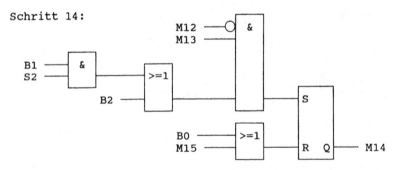

Schritt 15:

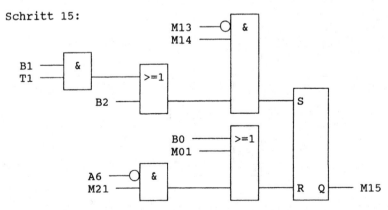

Schritt 21:

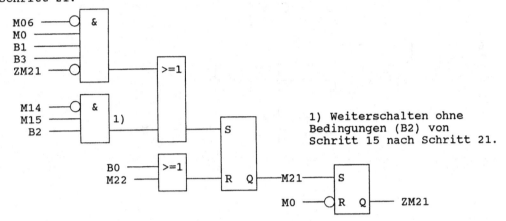

1) Weiterschalten ohne
Bedingungen (B2) von
Schritt 15 nach Schritt 21.

Schritt 22:

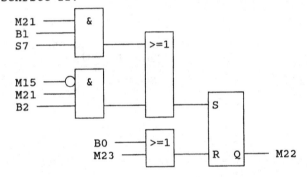

Schritt 23:

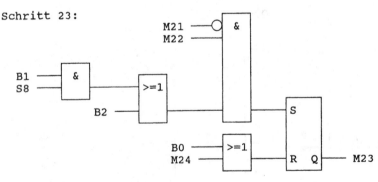

Schritt 24:

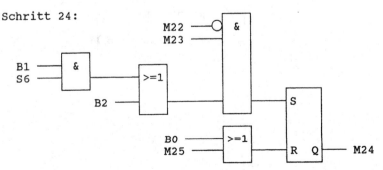

Schritt 25:

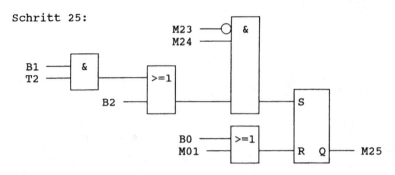

Schritt 1:

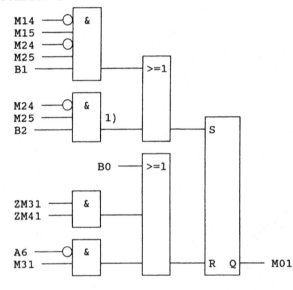

1) Weiterschalten ohne
Bedingungen (B2)
von Schritt 25
nach Schritt 1.

Schritt 31:

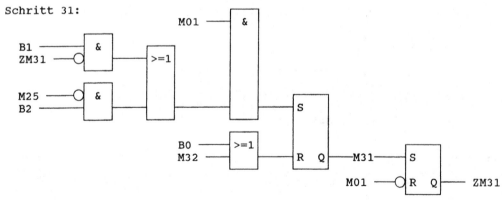

Schritt 32:

Schritt 33:

Schritt 41:

1) Weiterschalten ohne
Bedingungen (B2) von
Schritt 33 nach Schritt 41.

Schritt 42:

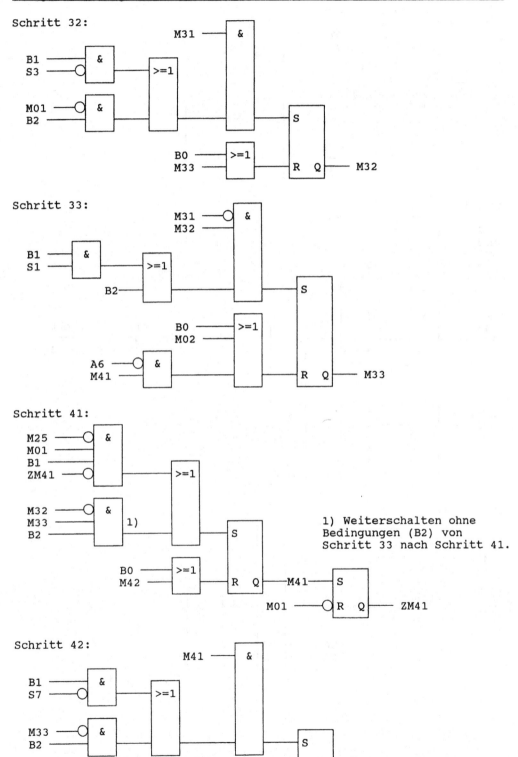

Schritt 43:

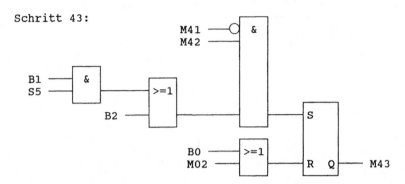

Schritt 2:

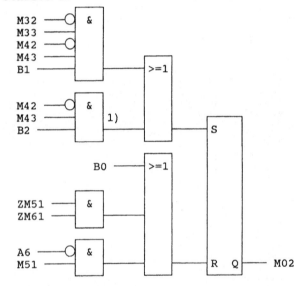

1) Weiterschalten ohne
Bedingungen (B2) von
Schritt 43 nach Schritt 2.

Schritt 51:

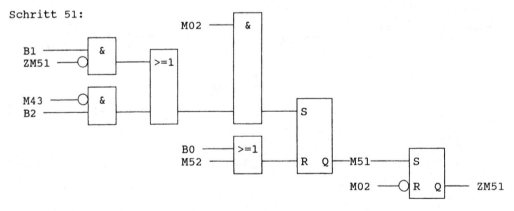

Schritt 52:

Schritt 53:

Schritt 54:

Schritt 55:

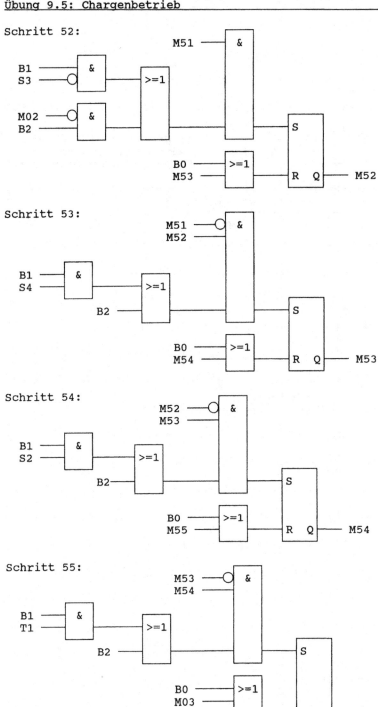

Schritt 61:

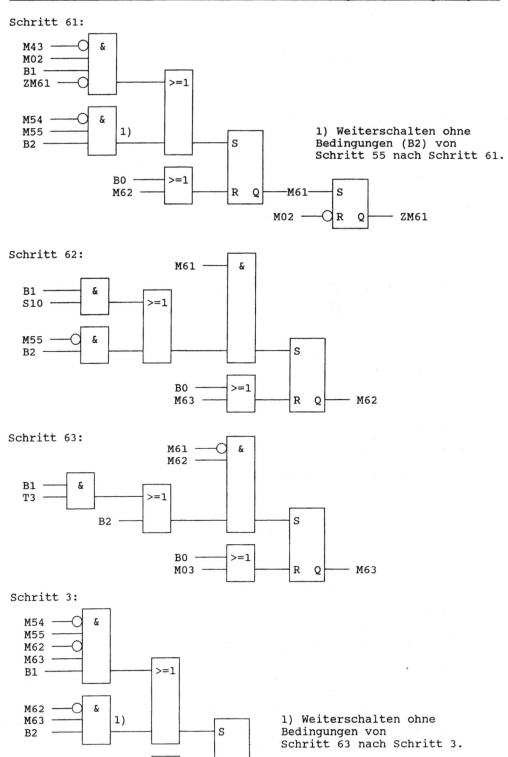

1) Weiterschalten ohne
Bedingungen (B2) von
Schritt 55 nach Schritt 61.

Schritt 62:

Schritt 63:

Schritt 3:

1) Weiterschalten ohne
Bedingungen von
Schritt 63 nach Schritt 3.

Schritt 4:

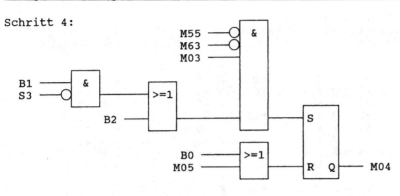

Schritt 5:

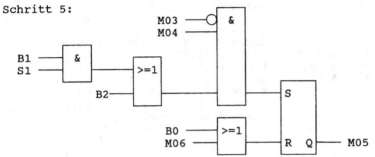

Schritt 6:

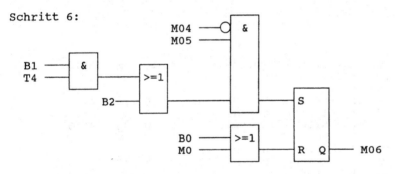

Zeitglied T1:

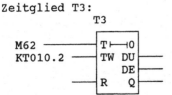

Zeitglied T2:

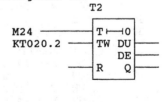

Zeitglied T3:

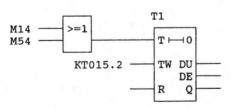

Zeitglied T4:

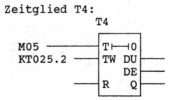

**Realisierung mit einer SPS:**

PB 10: Betriebsartenteil mit Meldungen     PB 12: Schrittanzeige
PB 11: Ablaufkette     PB 13: Befehlsausgabe

Zuordnung:

| | | | | | | | |
|---|---|---|---|---|---|---|---|
| E1 | = E 1.1 | A0 | = A 1.0 | M0 | = M 40.0 | M21 | = M 43.0 |
| E2 | = E 1.2 | A1 | = A 1.1 | M01 | = M 40.1 | M22 | = M 43.1 |
| E3 | = E 1.3 | A2 | = A 1.2 | M02 | = M 40.2 | M23 | = M 43.2 |
| E4 | = E 1.4 | A3 | = A 1.3 | M03 | = M 40.3 | M24 | = M 43.3 |
| S1 | = E 14.1 | A4 | = A 1.4 | M04 | = M 40.4 | M25 | = M 43.4 |
| S2 | = E 14.2 | A5 | = A 1.5 | M05 | = M 40.5 | M41 | = M 43.5 |
| S3 | = E 14.3 | A6 | = A 1.6 | M06 | = M 40.6 | M42 | = M 43.6 |
| S4 | = E 14.4 | Y1 | = A 18.0 | M11 | = M 41.0 | M43 | = M 43.7 |
| S5 | = E 14.5 | Y3 | = A 18.1 | M12 | = M 41.1 | M61 | = M 44.0 |
| S6 | = E 14.6 | M1 | = A 18.2 | M13 | = M 41.2 | M62 | = M 44.1 |
| S7 | = E 14.7 | H1 | = A 18.3 | M14 | = M 41.3 | M63 | = M 44.2 |
| S8 | = E 15.0 | Y2 | = A 18.4 | M15 | = M 41.4 | ZM11 | = M 45.1 |
| S9 | = E 15.1 | Y4 | = A 18.5 | M31 | = M 41.5 | ZM21 | = M 45.2 |
| S10 | = E 15.2 | M2 | = A 18.6 | M32 | = M 41.6 | ZM31 | = M 45.3 |
| | | H2 | = A 18.7 | M33 | = M 41.7 | ZM41 | = M 45.4 |
| | | Y5 | = A 19.0 | M51 | = M 42.0 | ZM51 | = M 45.5 |
| | | M3 | = A 19.1 | M52 | = M 42.1 | ZM61 | = M 45.6 |
| | | H3 | = A 19.2 | M53 | = M 42.2 | B0 | = M 50.0 |
| | | | | M54 | = M 42.3 | B1 | = M 50.1 |
| | | | | M55 | = M 42.4 | B2 | = M 50.2 |
| | | | | | | B3 | = M 50.3 |
| | | | | | | B4 | = M 50.4 |
| | | | | | | AM0 | = M 51.0 |
| | | | | | | B10 | = M 52.0 |
| | | | | | | B11 | = M 52.1 |
| | | | | | | B12 | = M 52.2 |

**Anweisungsliste**

```
PB 10              :R   M   52.2    Schritt 0            :O   M   50.0
:U   E    1.2      :U   M   52.0    :O   M   50.0        :O   M   41.1
:UN  M   52.1      :UN  E    1.1    :O                   :R   M   41.0
:=   M   52.0      :=   M   50.2    :UN  M   40.5        :U   M   41.0
:U   M   52.0      :U   E   14.0    :U   M   40.6        :S   M   45.1
:S   M   52.1      :U   M   51.0    :U(                  :UN  M   40.0
:UN  E    1.2      :=   M   50.3    :U   M   50.1        :R   M   45.1
:R   M   52.1      :O   A    1.6    :U   E   15.1
:U   M   52.0      :O               :O   M   50.2        Schritt 12
:U   M   51.0      :UN  E    1.1    :)                   :U   M   41.0
:UN  A    1.6      :U   E    1.3    :S   M   40.0        :U   M   50.1
:U   E    1.1      :=   M   50.4    :U   M   45.1        :U   E   14.3
:UN  M   40.0      :BE               :U   M   45.2       :O
:=   M   50.0                       :UN  M   50.0        :UN  M   40.0
:U   M   51.0      PB 11            :O                   :U   M   41.0
:U   M   52.0      Grundstellung    :UN  A    1.6        :U   M   50.2
:U   M   40.0      :U   E   14.1    :U   M   41.0        :S   M   41.1
:S   A    1.6      :UN  E   14.2    :R   M   40.0        :O   M   50.0
:ON  E    1.1      :UN  E   14.3                         :O   M   41.2
:O                 :UN  E   14.4    Schritt 11           :R   M   41.1
:U   M   52.2      :U   E   14.5    :UN  M   40.6
:U   M   40.0      :UN  E   14.6    :U   M   40.0
:R   A    1.6      :UN  E   14.7    :U(
:U   A    1.6      :UN  E   15.0    :U   M   50.1
:=   M   50.1      :U   E   15.1    :U   M   50.3
:U   A    1.6      :UN  E   15.2    :UN  M   45.1
:U   E    1.4      :=   M   51.0    :O   M   50.2
:S   M   52.2                       :)
:UN  A    1.6                       :S   M   41.0
```

```
Schritt 13          Schritt 22          :O    M   50.0      :UN   M   41.6
:UN   M   41.0      :U    M   43.0      :O                  :U    M   41.7
:U    M   41.1      :U    M   50.1      :U    M   45.3      :U    M   50.2
:U(                 :U    E   14.7      :U    M   45.4      :S    M   43.5
:U    M   50.1      :O                  :O                  :O    M   50.0
:U    E   14.4      :UN   M   41.4      :UN   A    1.6      :O    M   43.6
:O    M   50.2      :U    M   43.0      :U    M   41.5      :R    M   43.5
:)                  :U    M   50.2      :R    M   40.1      :U    M   43.5
:S    M   41.2      :S    M   43.1                          :S    M   45.4
:O    M   50.0      :O    M   50.0      Schritt 31          :UN   M   40.1
:O    M   41.3      :O    M   43.2      :U    M   40.1      :R    M   45.4
:R    M   41.2      :R    M   43.1      :U(
                                        :U    M   50.1      Schritt 42
Schritt 14          Schritt 23          :UN   M   45.3      :U    M   43.5
:UN   M   41.1      :UN   M   43.0      :O                  :U(
:U    M   41.2      :U    M   43.1      :UN   M   43.4      :U    M   50.1
:U(                 :U(                 :U    M   50.2      :UN   E   14.7
:U    M   50.1      :U    M   50.1      :)                  :O
:U    E   14.2      :U    E   15.0      :S    M   41.5      :UN   M   41.7
:O    M   50.2      :O    M   50.2      :O    M   50.0      :U    M   50.2
:)                  :)                  :O    M   41.6      :)
:S    M   41.3      :S    M   43.2      :R    M   41.5      :S    M   43.6
:O    M   50.0      :O    M   50.0      :U    M   41.5      :O    M   50.0
:O    M   41.4      :O    M   43.3      :S    M   45.3      :O    M   43.7
:R    M   41.3      :R    M   43.2      :UN   M   40.1      :R    M   43.6
                                        :R    M   45.3
Schritt 15          Schritt 24                              Schritt 43
:UN   M   41.2      :UN   M   43.1      Schritt 32          :UN   M   43.5
:U    M   41.3      :U    M   43.2      :U    M   41.5      :U    M   43.6
:U(                 :U(                 :U(                 :U(
:U    M   50.1      :U    M   50.1      :U    M   50.1      :U    M   50.1
:U    T   1         :U    E   14.6      :UN   E   14.3      :U    E   14.5
:O    M   50.2      :O    M   50.2      :O                  :O    M   50.2
:)                  :)                  :UN   M   40.1      :)
:S    M   41.4      :S    M   43.3      :U    M   50.2      :S    M   43.7
:O    M   50.0      :O    M   50.0      :)                  :O    M   50.0
:O    M   40.1      :O    M   43.4      :S    M   41.6      :O    M   40.2
:O                  :R    M   43.3      :O    M   50.0      :R    M   43.7
:UN   A    1.6                          :O    M   41.7
:U    M   43.0      Schritt 25          :R    M   41.6      Schritt 2
:R    M   41.4      :UN   M   43.2                          :UN   M   41.6
                    :U    M   43.3      Schritt 33          :U    M   41.7
Schritt 21          :U(                 :UN   M   41.5      :UN   M   43.6
:UN   M   40.6      :U    M   50.1      :U    M   41.6      :U    M   43.7
:U    M   40.0      :U    T   2         :U(                 :U    M   50.1
:U    M   50.1      :O    M   50.2      :U    M   50.1      :O
:U    M   50.3      :)                  :U    E   14.1      :UN   M   43.6
:UN   M   45.2      :S    M   43.4      :O    M   50.2      :U    M   43.7
:O                  :O    M   50.0      :)                  :U    M   50.2
:UN   M   41.3      :O    M   40.1      :S    M   41.7      :S    M   40.2
:U    M   41.4      :R    M   43.4      :O    M   50.0      :O    M   50.0
:U    M   50.2                          :O    M   40.2      :O
:S    M   43.0      Schritt 1           :O                  :U    M   45.5
:O    M   50.0      :UN   M   41.3      :UN   A    1.6      :U    M   45.6
:O    M   43.1      :U    M   41.4      :U    M   43.5      :O
:R    M   43.0      :UN   M   43.3      :R    M   41.7      :UN   A    1.6
:U    M   43.0      :U    M   43.4                          :U    M   42.0
:S    M   45.2      :U    M   50.1      Schritt 41          :R    M   40.2
:O    M   50.0      :O                  :UN   M   43.4
:O    M   43.1      :UN   M   43.3      :U    M   40.1
:R    M   45.2      :U    M   43.4      :U    M   50.1
                    :U    M   50.2      :UN   M   45.4
                    :S    M   40.1      :O
```

```
Schritt 51
:U   M   40.2
:U(
:U   M   50.1
:UN  M   45.5
:O
:UN  M   43.7
:U   M   50.2
:)
:S   M   42.0
:O   M   50.0
:O   M   42.1
:R   M   42.0
:U   M   42.0
:S   M   45.5
:UN  M   40.2
:R   M   45.5

Schritt 52
:U   M   42.0
:U(
:U   M   50.1
:U   E   14.3
:O
:UN  M   40.2
:U   M   50.2
:)
:S   M   42.1
:O   M   50.0
:O   M   42.2
:R   M   42.1

Schritt 53
:UN  M   42.0
:U   M   42.1
:U(
:U   M   50.1
:U   E   14.4
:O   M   50.2
:)
:S   M   42.2
:O   M   50.0
:O   M   42.3
:R   M   42.2

Schritt 54
:UN  M   42.1
:U   M   42.2
:U(
:U   M   50.1
:U   E   14.2
:O   M   50.2
:)
:S   M   42.3
:O   M   50.0
:O   M   42.4
:R   M   42.3

Schritt 55
:UN  M   42.2
:U   M   42.3
:U(
:U   M   50.1
```

```
:U   T   1
:O   M   50.2
:)
:S   M   42.4
:O   M   50.0
:O   M   40.3
:O
:UN  A   1.6
:U   M   44.0
:R   M   42.4

Schritt 61
:UN  M   43.7
:U   M   40.2
:U   M   50.1
:UN  M   45.6
:O
:UN  M   42.3
:U   M   42.4
:U   M   50.2
:S   M   44.0
:O   M   50.0
:O   M   44.1
:R   M   44.0
:U   M   44.0
:S   M   45.6
:UN  M   40.2
:R   M   45.6

Schritt 62
:U   M   44.0
:U(
:U   M   50.1
:U   E   15.2
:O
:UN  M   42.4
:U   M   50.2
:)
:S   M   44.1
:O   M   50.0
:O   M   44.2
:R   M   44.1

Schritt 63
:UN  M   44.0
:U   M   44.1
:U(
:U   M   50.1
:U   T   3
:O   M   50.2
:)
:S   M   44.2
:O   M   50.0
:O   M   40.3
:R   M   44.2

Schritt 3
:UN  M   42.3
:U   M   42.4
:UN  M   44.1
:U   M   44.2
:U   M   50.1
:O
```

```
:UN  M   44.1
:U   M   44.2
:U   M   50.2
:S   M   40.3
:O   M   50.0
:O   M   40.4
:R   M   40.3

Schritt 4
:UN  M   42.4
:UN  M   44.2
:U   M   40.3
:U(
:U   M   50.1
:UN  E   14.3
:O   M   50.2
:)
:S   M   40.4
:O   M   50.0
:O   M   40.5
:R   M   40.4

Schritt 5
:UN  M   40.3
:U   M   40.4
:U(
:U   M   50.1
:U   E   14.1
:O   M   50.2
:)
:S   M   40.5
:O   M   50.0
:O   M   40.6
:R   M   40.5

Schritt 6
:UN  M   40.4
:U   M   40.5
:U(
:U   M   50.1
:U   T   4
:O   M   50.2
:)
:S   M   40.6
:O   M   50.0
:O   M   40.0
:R   M   40.6

Zeitglieder
:O   M   41.3
:O   M   42.3
:L   KT  015.2
:SE  T   1
:U   M   43.3
:L   KT  020.2
:SE  T   2
:U   M   44.1
:L   KT  010.2
:SE  T   3
:U   M   40.5
:L   KT  025.2
:SE  T   4
:BE
```

```
PB 12
:O   M   40.0
:O   M   40.1
:O   M   40.3
:O   M   40.5
:O   M   41.0
:O   M   41.2
:O   M   41.4
:O   M   41.5
:O   M   41.7
:O   M   42.0
:O   M   42.2
:O   M   42.4
:=   A   1.0
:O   M   40.0
:O   M   40.2
:O   M   40.3
:O   M   40.6
:O   M   41.1
:O   M   41.2
:O   M   41.6
:O   M   41.7
:O   M   42.1
:O   M   42.2
:=   A   1.1
:O   M   40.0
:O   M   40.4
:O   M   40.5
:O   M   40.6
:O   M   41.3
:O   M   41.4
:O   M   42.3
:O   M   42.4
:=   A   1.2
:O   M   40.0
:O   M   41.0
:O   M   41.1
:O   M   41.2
:O   M   41.3
:O   M   41.4
:O   M   41.5
:O   M   41.6
:O   M   41.7
:O   M   42.0
:O   M   42.1
:O   M   42.2
:O   M   42.3
:O   M   42.4
:=   A   1.3
:O   M   40.0
:O   M   41.5
:O   M   41.6
:O   M   41.7
:=   A   1.4
:O   M   40.0
:O   M   42.0
:O   M   42.1
:O   M   42.2
:O   M   42.3
:O   M   42.4
:=   A   1.5
:BE
```

```
PB 13           :U   M   50.4    :U   M   50.4    :U(
:U   M   50.4   :U(              :U(              :O   M   43.1
:U(             :O   M   41.3    :O   M   43.0    :O   M   43.2
:O   M   41.0   :O   M   41.4    :O   M   43.1    :O   M   43.3
:O   M   41.1   :O   M   40.1    :)               :)
:O   M   42.0   :O   M   41.5    :=   A   18.4    :=   A   18.7
:O   M   42.1   :O   M   42.3    :U   M   50.4    :U   M   50.4
:)              :O   M   42.4    :U(              :U   M   40.6
:=   A   18.0   :O   M   40.3    :O   M   43.5    :=   A   19.0
:U   M   50.4   :)               :O   M   43.6    :U   M   50.4
:U(             :=   A   18.2    :)               :U(
:O   M   41.5   :U   M   50.4    :=   A   18.5    :O   M   44.0
:O   M   41.6   :U(              :U   M   50.4    :O   M   44.1
:O   M   40.3   :O   M   41.1    :U(              :O   M   44.2
:O   M   40.4   :O   M   41.2    :O   M   43.3    :O   M   40.5
:)              :O   M   41.3    :O   M   43.4    :)
:=   A   18.1   :O   M   42.1    :O   M   40.1    :=   A   19.1
                :O   M   42.2    :O   M   43.5    :U   M   50.4
                :O   M   42.3    :)               :U(
                :)               :=   A   18.6    :O   M   44.0
                :=   A   18.3    :U   M   50.4    :O   M   44.1
                                                 :O   M   44.2
                                                 :O   M   40.3
                                                 :O   M   40.4
                                                 :O   M   40.5
                                                 :)
                                                 :=   A   19.2
                                                 :BE
```

## Übung 10.1: Taktsteuerung Reklamebeleuchtung

**Funktionstabelle:**

| Takt | Zählerausgänge M4 M3 M2 M1 M0 | | | | | Ansteuerung der Leuchten H7 H6 H5 H4 H3 H2 H1 H0 | | | | | | | |
|------|----|----|----|----|----|----|----|----|----|----|----|----|----|
| 0  | 0 | 0 | 0 | 0 | 0 | 1 | 0 | 0 | 0 | 0 | 0 | 0 | 0 |
| 1  | 0 | 0 | 0 | 0 | 1 | 1 | 1 | 0 | 0 | 0 | 0 | 0 | 0 |
| 2  | 0 | 0 | 0 | 1 | 0 | 1 | 1 | 1 | 0 | 0 | 0 | 0 | 0 |
| 3  | 0 | 0 | 0 | 1 | 1 | 1 | 1 | 1 | 1 | 0 | 0 | 0 | 0 |
| 4  | 0 | 0 | 1 | 0 | 0 | 1 | 1 | 1 | 1 | 1 | 0 | 0 | 0 |
| 5  | 0 | 0 | 1 | 0 | 1 | 1 | 1 | 1 | 1 | 1 | 1 | 0 | 0 |
| 6  | 0 | 0 | 1 | 1 | 0 | 1 | 1 | 1 | 1 | 1 | 1 | 1 | 0 |
| 7  | 0 | 0 | 1 | 1 | 1 | 1 | 1 | 1 | 1 | 1 | 1 | 1 | 1 |
| 8  | 0 | 1 | 0 | 0 | 0 | 0 | 0 | 0 | 0 | 0 | 0 | 0 | 0 |
| 9  | 0 | 1 | 0 | 0 | 1 | 1 | 1 | 1 | 1 | 1 | 1 | 1 | 1 |
| 10 | 0 | 1 | 0 | 1 | 0 | 0 | 0 | 0 | 0 | 0 | 0 | 0 | 0 |
| 11 | 0 | 1 | 0 | 1 | 1 | 1 | 0 | 0 | 0 | 0 | 0 | 0 | 0 |
| 12 | 0 | 1 | 1 | 0 | 0 | 1 | 1 | 0 | 0 | 0 | 0 | 0 | 0 |
| 13 | 0 | 1 | 1 | 0 | 1 | 1 | 1 | 1 | 0 | 0 | 0 | 0 | 0 |
| 14 | 0 | 1 | 1 | 1 | 0 | 1 | 1 | 1 | 1 | 0 | 0 | 0 | 0 |
| 15 | 0 | 1 | 1 | 1 | 1 | 1 | 1 | 1 | 1 | 1 | 0 | 0 | 0 |
| 16 | 1 | 0 | 0 | 0 | 0 | 1 | 1 | 1 | 1 | 1 | 1 | 0 | 0 |
| 17 | 1 | 0 | 0 | 0 | 1 | 1 | 1 | 1 | 1 | 1 | 1 | 1 | 0 |
| 18 | 1 | 0 | 0 | 1 | 0 | 1 | 1 | 1 | 1 | 1 | 1 | 1 | 1 |
| 19 | 1 | 0 | 0 | 1 | 1 | 0 | 0 | 0 | 0 | 0 | 0 | 0 | 0 |
| 20 | 1 | 0 | 1 | 0 | 0 | 1 | 1 | 1 | 1 | 1 | 1 | 1 | 1 |
| 21 | 1 | 0 | 1 | 0 | 1 | 0 | 0 | 0 | 0 | 0 | 0 | 0 | 0 |
| 22 | 1 | 0 | 1 | 1 | 0 | 1 | 1 | 1 | 1 | 1 | 1 | 1 | 1 |
| 23 | 1 | 0 | 1 | 1 | 1 | 1 | 1 | 1 | 1 | 1 | 1 | 1 | 0 |
| 24 | 1 | 1 | 0 | 0 | 0 | 1 | 1 | 1 | 1 | 1 | 1 | 0 | 0 |
| 25 | 1 | 1 | 0 | 0 | 1 | 1 | 1 | 1 | 1 | 1 | 0 | 0 | 0 |
| 26 | 1 | 1 | 0 | 1 | 0 | 1 | 1 | 1 | 1 | 0 | 0 | 0 | 0 |
| 27 | 1 | 1 | 0 | 1 | 1 | 1 | 1 | 1 | 0 | 0 | 0 | 0 | 0 |
| 28 | 1 | 1 | 1 | 0 | 0 | 1 | 1 | 0 | 0 | 0 | 0 | 0 | 0 |
| 29 | 1 | 1 | 1 | 0 | 1 | 1 | 0 | 0 | 0 | 0 | 0 | 0 | 0 |
| 30 | 1 | 1 | 1 | 1 | 0 | 0 | 0 | 0 | 0 | 0 | 0 | 0 | 0 |
| 31 | 1 | 1 | 1 | 1 | 1 | 0 | 0 | 0 | 0 | 0 | 0 | 0 | 0 |

**Realisierung mit einer SPS:**

Zuordnung:

| Eingänge | Ausgänge | Merker | Dekodierung des Zählers Z1 | |
|----------|----------|--------|----------|----------|
| S1 = E 0.1 | H0 = A 0.0 | M0  = M 0.0 | A0  = M 1.0 | A16 = M 3.0 |
|            | H1 = A 0.1 | M1  = M 0.1 | A1  = M 1.1 | A17 = M 3.1 |
|            | H2 = A 0.2 | M2  = M 0.2 | A2  = M 1.2 | A18 = M 3.2 |
|            | H3 = A 0.3 | M3  = M 0.3 | A3  = M 1.3 | A20 = M 3.4 |
|            | H4 = A 0.4 | M4  = M 0.4 | A4  = M 1.4 | A22 = M 3.6 |
|            | H5 = A 0.5 |             | A5  = M 1.5 | A23 = M 3.7 |
|            | H6 = A 0.6 | M10 = M10.0 | A6  = M 1.6 | A24 = M 4.0 |
|            | H7 = A 0.7 | M11 = M10.1 | A7  = M 1.7 | A25 = M 4.1 |
|            |            |             | A9  = M 2.1 | A26 = M 4.2 |
|            |            |             | A11 = M 2.3 | A27 = M 4.3 |
|            |            |             | A12 = M 2.4 | A28 = M 4.4 |
|            |            |             | A13 = M 2.5 | A29 = M 4.5 |
|            |            |             | A14 = M 2.6 |             |
| Zeit T1  | Zähler Z1 |             | A15 = M 2.7 |             |

**Anweisungsliste:**

```
Taktgenerator          :U    M   0.2     :UN   M   0.1     :U    M   0.0
:U    E    0.1         :UN   M   0.3     :UN   M   0.2     :UN   M   0.1
:UN   M    10.0        :UN   M   0.4     :UN   M   0.3     :U    M   0.2
:L    KT   010.1       :=    M   1.5     :U    M   0.4     :U    M   0.3
:SE   T    1           :UN   M   0.0     :=    M   3.1     :U    M   0.4
:U    T    1           :U    M   0.1     :UN   M   0.0     :=    M   4.5
:=    M    10.0        :U    M   0.2     :U    M   0.1
                       :UN   M   0.3     :UN   M   0.2     Ansteuerung
Zaehler                :UN   M   0.4     :UN   M   0.3     :O    M   1.7
:U    M    10.0        :=    M   1.6     :U    M   0.4     :O    M   2.1
:ZV   Z    1           :U    M   0.0     :=    M   3.2     :O    M   3.2
:O    M    10.1        :U    M   0.1     :UN   M   0.0     :O    M   3.4
:ON   E    0.1         :U    M   0.2     :UN   M   0.1     :O    M   3.6
:R    Z    1           :UN   M   0.3     :U    M   0.2     :=    A   0.0
:L    Z    1           :UN   M   0.4     :UN   M   0.3     :O    M   1.6
:T    MB   0           :=    M   1.7     :U    M   0.4     :O    M   1.7
                       :U    M   0.0     :=    M   3.4     :O    M   2.1
Decodierung            :UN   M   0.1     :UN   M   0.0     :O    M   3.1
:L    Z    1           :UN   M   0.2     :U    M   0.1     :O    M   3.2
:L    KF   +32         :U    M   0.3     :U    M   0.2     :O    M   3.4
:!=F                   :UN   M   0.4     :UN   M   0.3     :O    M   3.6
:=    M    10.1        :=    M   2.1     :U    M   0.4     :O    M   3.7
                       :U    M   0.0     :=    M   3.6     :=    A   0.1
Vergleicher            :U    M   0.1     :U    M   0.0     :O    M   1.5
:UN   M    0.0         :UN   M   0.2     :U    M   0.1     :O    M   1.6
:UN   M    0.1         :U    M   0.3     :U    M   0.2     :O    M   1.7
:UN   M    0.2         :UN   M   0.4     :UN   M   0.3     :O    M   2.1
:UN   M    0.3         :=    M   2.3     :U    M   0.4     :O    M   3.0
:UN   M    0.4         :UN   M   0.0     :=    M   3.7     :O    M   3.1
:U    E    0.1         :UN   M   0.1     :UN   M   0.0     :O    M   3.2
:=    M    1.0         :U    M   0.2     :UN   M   0.1     :O    M   3.4
:U    M    0.0         :U    M   0.3     :UN   M   0.2     :O    M   3.6
:UN   M    0.1         :UN   M   0.4     :U    M   0.3     :O    M   3.7
:UN   M    0.2         :=    M   2.4     :U    M   0.4     :O    M   4.0
:UN   M    0.3         :U    M   0.0     :=    M   4.0     :=    A   0.2
:UN   M    0.4         :UN   M   0.1     :U    M   0.0     :O    M   1.4
:=    M    1.1         :U    M   0.2     :UN   M   0.1     :O    M   1.5
:UN   M    0.0         :U    M   0.3     :UN   M   0.2     :O    M   1.6
:U    M    0.1         :UN   M   0.4     :U    M   0.3     :O    M   1.7
:UN   M    0.2         :=    M   2.5     :U    M   0.4     :O    M   2.1
:UN   M    0.3         :UN   M   0.0     :=    M   4.1     :O    M   2.7
:UN   M    0.4         :U    M   0.1     :UN   M   0.0     :O    M   3.0
:=    M    1.2         :U    M   0.2     :U    M   0.1     :O    M   3.1
:U    M    0.0         :U    M   0.3     :UN   M   0.2     :O    M   3.2
:U    M    0.1         :UN   M   0.4     :U    M   0.3     :O    M   3.4
:UN   M    0.2         :=    M   2.6     :U    M   0.4     :O    M   3.6
:UN   M    0.3         :U    M   0.0     :=    M   4.2     :O    M   3.7
:UN   M    0.4         :U    M   0.1     :U    M   0.0     :O    M   4.0
:=    M    1.3         :U    M   0.2     :U    M   0.1     :O    M   4.1
:UN   M    0.0         :U    M   0.3     :UN   M   0.2     :=    A   0.3
:UN   M    0.1         :UN   M   0.4     :U    M   0.3     :O    M   1.3
:U    M    0.2         :=    M   2.7     :U    M   0.4     :O    M   1.4
:UN   M    0.3         :UN   M   0.0     :=    M   4.3     :O    M   1.5
:UN   M    0.4         :UN   M   0.1     :UN   M   0.0     :O    M   1.6
:=    M    1.4         :UN   M   0.2     :UN   M   0.1     :O    M   1.7
:U    M    0.0         :UN   M   0.3     :U    M   0.2     :O    M   2.1
:UN   M    0.1         :U    M   0.4     :U    M   0.3
                       :=    M   3.0     :U    M   0.4
                       :U    M   0.0     :=    M   4.4
```

```
:O   M   2.6     :O   M   1.2     :O   M   1.1     :O   M   1.2
:O   M   2.7     :O   M   1.3     :O   M   1.2     :O   M   1.3
:O   M   3.0     :O   M   1.4     :O   M   1.3     :O   M   1.4
:O   M   3.1     :O   M   1.5     :O   M   1.4     :O   M   1.5
:O   M   3.2     :O   M   1.6     :O   M   1.5     :O   M   1.6
:O   M   3.4     :O   M   1.7     :O   M   1.6     :O   M   1.7
:O   M   3.6     :O   M   2.1     :O   M   1.7     :O   M   2.1
:O   M   3.7     :O   M   2.5     :O   M   2.1     :O   M   2.3
:O   M   4.0     :O   M   2.6     :O   M   2.4     :O   M   2.4
:O   M   4.1     :O   M   2.7     :O   M   2.5     :O   M   2.5
:O   M   4.2     :O   M   3.0     :O   M   2.6     :O   M   2.6
:=   A   0.4     :O   M   3.1     :O   M   2.7     :O   M   2.7
                 :O   M   3.2     :O   M   3.0     :O   M   3.0
                 :O   M   3.4     :O   M   3.1     :O   M   3.1
                 :O   M   3.6     :O   M   3.2     :O   M   3.2
                 :O   M   3.7     :O   M   3.4     :O   M   3.4
                 :O   M   4.0     :O   M   3.6     :O   M   3.6
                 :O   M   4.1     :O   M   3.7     :O   M   3.7
                 :O   M   4.2     :O   M   4.0     :O   M   4.0
                 :O   M   4.3     :O   M   4.1     :O   M   4.1
                 :=   A   0.5     :O   M   4.2     :O   M   4.2
                                  :O   M   4.3     :O   M   4.3
                                  :O   M   4.4     :O   M   4.4
                                  :=   A   0.6     :O   M   4.5
                                  :O   M   1.0     :=   A   0.7
                                  :O   M   1.1     :BE
```

## Übung 10.2: CHA-CHA-CHA-FOLGE

**Funktonstabelle:**

| Takt | Zählerausgänge M3 M2 M1 M0 | | | | Meldeleuchte H1 |
|------|----|----|----|----|----|
| 0  | 0 | 0 | 0 | 0 | 1 |
| 1  | 0 | 0 | 0 | 1 | 1 |
| 2  | 0 | 0 | 1 | 0 | 0 |
| 3  | 0 | 0 | 1 | 1 | 0 |
| 4  | 0 | 1 | 0 | 0 | 1 |
| 5  | 0 | 1 | 0 | 1 | 1 |
| 6  | 0 | 1 | 1 | 0 | 0 |
| 7  | 0 | 1 | 1 | 1 | 0 |
| 8  | 1 | 0 | 0 | 0 | 1 |
| 9  | 1 | 0 | 0 | 1 | 0 |
| 10 | 1 | 0 | 1 | 0 | 1 |
| 11 | 1 | 0 | 1 | 1 | 0 |
| 12 | 1 | 1 | 0 | 0 | 1 |
| 13 | 1 | 1 | 0 | 1 | 0 |
| 14 | 1 | 1 | 1 | 0 | 0 |
| 15 | 1 | 1 | 1 | 1 | 0 |

**Realisierung mit einer SPS:**

Zuordnung:

| Eingänge | Ausgänge | Merker | Dekodierung | Zähler Z1 |
|----------|----------|--------|-------------|-----------|
| S1 = E 0.1 | H1 = A 0.0 | M0 = M 0.0 | des Zählers Z1 | |
| | | M1 = M 0.1 | A0 = M 1.0 | Zeit T1 |
| | | M2 = M 0.2 | A1 = M 1.1 | |
| | | M3 = M 0.3 | A4 = M 1.4 | |
| | | | A5 = M 1.5 | |
| | | M10 = M10.0 | A8 = M 2.0 | |
| | | M11 = M10.1 | A10 = M 2.2 | |
| | | | A12 = M 2.4 | |

**Anweisungsliste:**

| Taktgenerator | | | Decodierung | | | := | M | 1.5 | Ansteuerung | | |
|---|---|---|---|---|---|---|---|---|---|---|---|
| :U | E | 0.1 | :UN | M | 0.0 | :UN | M | 0.0 | :O | M | 1.0 |
| :UN | M | 10.0 | :UN | M | 0.1 | :UN | M | 0.1 | :O | M | 1.1 |
| :L | KT | 002.1 | :UN | M | 0.2 | :UN | M | 0.2 | :O | M | 1.4 |
| :SE | T | 1 | :UN | M | 0.3 | :U | M | 0.3 | :O | M | 1.5 |
| :U | T | 1 | :U | E | 0.1 | := | M | 2.0 | :O | M | 2.0 |
| := | M | 10.0 | := | M | 1.0 | :UN | M | 0.0 | :O | M | 2.2 |
| | | | :U | M | 0.0 | :U | M | 0.1 | :O | M | 2.4 |
| Zaehler | | | :UN | M | 0.1 | :UN | M | 0.2 | := | A | 0.0 |
| :U | M | 10.0 | :UN | M | 0.2 | :U | M | 0.3 | :BE | | |
| :ZV | Z | 1 | :UN | M | 0.3 | := | M | 2.2 | | | |
| :O | M | 10.1 | := | M | 1.1 | :UN | M | 0.0 | | | |
| :ON | E | 0.1 | :UN | M | 0.0 | :UN | M | 0.1 | | | |
| :R | Z | 1 | :UN | M | 0.1 | :U | M | 0.2 | | | |
| :L | Z | 1 | :U | M | 0.2 | :U | M | 0.3 | | | |
| :T | MB | 0 | :UN | M | 0.3 | := | M | 2.4 | | | |
| | | | := | M | 1.4 | | | | | | |
| Vergleicher | | | :U | M | 0.0 | | | | | | |
| :L | MB | 0 | :UN | M | 0.1 | | | | | | |
| :L | KF | +16 | :U | M | 0.2 | | | | | | |
| :!=F | | | :UN | M | 0.3 | | | | | | |
| := | M | 10.1 | | | | | | | | | |

## Übung 10.3 Biegewerkzeug

Ablaufkette und Grundstellung der Anlage AM0 siehe Übung 9.1.

Das Steuerungsprogramm des Betriebsartenteils PB10 und der Befehlsausgabe PB13 kann von der Übungsaufgabe 9.1 unverändert übernommen
werden.

**Realisierung mit einer SPS:**
PB 10: Betriebsartenteil mit Meldungen
PB 11: Ablaufkette mit Schrittanzeige
PB 13: Befehlsausgabe

Zuordnung:

| | | | |
|---|---|---|---|
| E1 = E 1.1 | A0 = A 1.0 | B0 = M 50.0 | Zähler Z1 |
| E2 = E 1.2 | A1 = A 1.1 | B1 = M 50.1 | |
| E3 = E 1.3 | A2 = A 1.2 | B2 = M 50.2 | Decodierung |
| E4 = E 1.4 | A3 = A 1.3 | B3 = M 50.3 | MB10 = MB 10 |
| S0 = E 0.0 | A4 = A 1.4 | B4 = M 50.4 | |
| S1 = E 0.1 | Y1 = A 0.1 | AM0 = M 51.0 | (s. Lehrbuch |
| S2 = E 0.2 | Y2 = A 0.2 | B10 = M 52.0 | Seite 179) |
| S3 = E 0.3 | Y3 = A 0.3 | B11 = M 52.1 | |
| S4 = E 0.4 | Y4 = A 0.4 | B12 = M 52.2 | |
| S5 = E 0.5 | Y5 = A 0.5 | M0 = M 40.0 | |
| S6 = E 0.6 | Y6 = A 0.6 | M1 = M 40.1 | |
| | | M2 = M 40.2 | |
| | | M3 = M 40.3 | |
| | | M4 = M 40.4 | |
| | | M5 = M 40.5 | |
| | | M6 = M 40.6 | |

**Anweisungsliste:**

```
PB 10              PB 11                :U   M   50.2    PB 13
:U   E   1.2       :U   E   0.1         :ZV  Z   1       :U   M   50.4
:UN  M   52.1      :UN  E   0.2         :L   Z   1       :U   M   40.1
:=   M   52.0      :U   E   0.3         :T   MB  10      :=   A   0.1
:U   M   52.0      :UN  E   0.4         :LC  Z   1       :U   M   50.4
:S   M   52.1      :U   E   0.5         :T   AB  16      :U   M   40.6
:UN  E   1.2       :UN  E   0.6         :L   KF  +7      :=   A   0.2
:R   M   52.1      :=   M   51.0        :!=F            :U   M   50.4
:U   M   52.0      :U   M   40.0        :R   Z   1       :U   M   40.2
:U   M   51.0      :U   M   50.1        :UN  M   10.0    :=   A   0.3
:UN  A   1.4       :U   M   50.3        :UN  M   10.1    :U   M   50.4
:U   E   1.1       :ZV  Z   1           :UN  M   10.2    :U   M   40.3
:UN  M   40.0      :U   M   40.1        :=   M   40.0    :=   A   0.4
:=   M   50.0      :U   M   50.1        :U   M   10.0    :U   M   50.4
:U   M   51.0      :U   E   0.2         :UN  M   10.1    :U   M   40.4
:U   M   52.0      :ZV  Z   1           :UN  M   10.2    :=   A   0.5
:U   M   40.0      :U   M   40.2        :=   M   40.1    :U   M   50.4
:S   A   1.4       :U   M   50.1        :U   M   10.0    :U   M   40.5
:ON  E   1.1       :U   E   0.4         :U   M   10.1    :=   A   0.6
:O                 :ZV  Z   1           :UN  M   10.2    :BE
:U   M   52.2      :U   M   40.3        :=   M   40.2
:U   M   40.0      :U   M   50.1        :U   M   10.0
:R   A   1.4       :U   E   0.3         :U   M   10.1
:U   A   1.4       :ZV  Z   1           :UN  M   10.2
:=   M   50.1      :U   M   40.4        :=   M   40.3
:U   A   1.4       :U   M   50.1        :UN  M   10.0
:U   E   1.4       :ZV  Z   1           :UN  M   10.1
:S   M   52.2      :U   M   40.5        :U   M   10.2
:UN  A   1.4       :U   M   50.1        :=   M   40.4
:R   M   52.2      :U   E   0.5         :U   M   10.0
:U   M   52.0      :ZV  Z   1           :UN  M   10.1
:UN  E   1.1       :O   M   50.0        :U   M   10.2
:=   M   50.2      :O                   :=   M   40.5
:U   E   0.0       :U   M   40.6        :UN  M   10.0
:U   M   51.0      :U   M   50.1        :U   M   10.1
:=   M   50.3      :U   E   0.1         :U   M   10.2
:O   A   1.4       :R   Z   1           :=   M   40.6
:O                                      :BE
:UN  E   1.1
:U   E   1.3
:=   M   50.4
:BE
```

## Übung 10.4 Rohrbiegeanlage

Ablaufkette und Grundstellung der Anlage AM0 siehe Übung 9.2.

Das Steuerungsprogramm des Betriebsartenteils PB10 und der Befehlsausgabe PB13 kann von der Übungsaufgabe 9.2 unverändert übernommen
werden.

**Realisierung mit einer SPS:**
PB 10: Betriebsartenteil mit Meldungen
PB 11: Ablaufkette mit Schrittanzeige
PB 13: Befehlsausgabe

Zuordnung:
```
    E1 = E 1.1      S1 = E 0.1      S6 = E 0.6
    E2 = E 1.2      S2 = E 0.2      S7 = E 0.7
    E3 = E 1.3      S3 = E 0.3      S8 = E 1.5
    E4 = E 1.4      S4 = E 0.4      S9 = E 1.6
    S0 = E 0.0      S5 = E 0.5
```

```
A0  = A 1.0     B0  = M 50.0    M2 = M 40.2     Decodierung
A1  = A 1.1     B1  = M 50.1    M3 = M 40.3     MB10 = MB 10
A2  = A 1.2     B2  = M 50.2    M4 = M 40.4
A3  = A 1.3     B3  = M 50.3    M5 = M 40.5     Zähler Z1
A4  = A 1.4     B4  = M 50.4    M6 = M 40.6
W1  = A 0.1     AM0 = M 51.0    M7 = M 40.7     Zeit T1
W2  = A 0.2     B10 = M 52.0    M8 = M 41.0
MAB = A 0.3     B11 = M 52.1    M9 = M 41.1
MAU = A 0.4     B12 = M 52.2
  H = A 0.5     M0  = M 40.0
  Y = A 0.6     M1  = M 40.1
```

**Anweisungsliste:**

| PB 10 | | | PB 11 | | | | | | | | | |
|---|---|---|---|---|---|---|---|---|---|---|---|---|
| :U | E | 1.2 | :U | E | 0.1 | :U | M | 41.0 | :UN | M | 10.3 |
| :UN | M | 52.1 | :U | E | 0.2 | :U | M | 50.1 | := | M | 40.4 |
| := | M | 52.0 | :UN | E | 0.3 | :U | E | 0.7 | :U | M | 10.0 |
| :U | M | 52.0 | :UN | E | 0.4 | :ZV | Z | 1 | :UN | M | 10.1 |
| :S | M | 52.1 | :U | E | 0.5 | :O | M | 50.0 | :U | M | 10.2 |
| :UN | E | 1.2 | :UN | E | 0.6 | :O | | | :UN | M | 10.3 |
| :R | M | 52.1 | :U | E | 0.7 | :U | M | 41.1 | := | M | 40.5 |
| :U | M | 52.0 | :UN | E | 1.5 | :U | M | 50.1 | :UN | M | 10.0 |
| :U | M | 51.0 | :UN | E | 1.6 | :U | E | 0.1 | :U | M | 10.1 |
| :UN | A | 1.4 | := | M | 51.0 | :R | Z | 1 | :U | M | 10.2 |
| :U | E | 1.1 | :U | M | 40.0 | :U | M | 50.2 | :UN | M | 10.3 |
| :UN | M | 40.0 | :U | M | 50.1 | :ZV | Z | 1 | := | M | 40.6 |
| := | M | 50.0 | :U | M | 50.3 | :L | Z | 1 | :U | M | 10.0 |
| :U | M | 51.0 | :ZV | Z | 1 | :T | MB | 10 | :U | M | 10.1 |
| :U | M | 52.0 | :U | M | 40.1 | :LC | Z | 1 | :U | M | 10.2 |
| :U | M | 40.0 | :U | M | 50.1 | :T | AB | 16 | :UN | M | 10.3 |
| :S | A | 1.4 | :U | E | 0.3 | :L | Z | 1 | := | M | 40.7 |
| :ON | E | 1.1 | :ZV | Z | 1 | :L | KF | +10 | :UN | M | 10.0 |
| :O | | | :U | M | 40.2 | :!=F | | | :UN | M | 10.1 |
| :U | M | 52.2 | :U | M | 50.1 | :R | Z | 1 | :UN | M | 10.2 |
| :U | M | 40.0 | :U | E | 0.4 | :UN | M | 10.0 | :U | M | 10.3 |
| :R | A | 1.4 | :ZV | Z | 1 | :UN | M | 10.1 | := | M | 41.0 |
| :U | A | 1.4 | :U | M | 40.3 | :UN | M | 10.2 | :U | M | 10.0 |
| := | M | 50.1 | :U | M | 50.1 | :UN | M | 10.3 | :UN | M | 10.1 |
| :U | A | 1.4 | :U | E | 0.6 | := | M | 40.0 | :UN | M | 10.2 |
| :U | E | 1.4 | :ZV | Z | 1 | :U | M | 10.0 | :U | M | 10.3 |
| :S | M | 52.2 | :U | M | 40.4 | :UN | M | 10.1 | := | M | 41.1 |
| :UN | A | 1.4 | :U | M | 50.1 | :UN | M | 10.2 | :U | M | 40.6 |
| :R | M | 52.2 | :U | E | 1.6 | :UN | M | 10.3 | :L | KT | 030.1 |
| :U | M | 52.0 | :ZV | Z | 1 | := | M | 40.1 | :SE | T | 1 |
| :UN | E | 1.1 | :U | M | 40.5 | :UN | M | 10.0 | :BE | | |
| := | M | 50.2 | :U | M | 50.1 | :U | M | 10.1 | | | |
| :U | E | 0.0 | :U | E | 1.5 | :UN | M | 10.2 | | | |
| :U | M | 51.0 | :ZV | Z | 1 | :UN | M | 10.3 | | | |
| := | M | 50.3 | :U | M | 40.6 | := | M | 40.2 | | | |
| :O | A | 1.4 | :U | M | 50.1 | :U | M | 10.0 | | | |
| :O | | | :U | T | 1 | :U | M | 10.1 | | | |
| :UN | E | 1.1 | :ZV | Z | 1 | :UN | M | 10.2 | | | |
| :U | E | 1.3 | :U | M | 40.7 | :UN | M | 10.3 | | | |
| := | M | 50.4 | :U | M | 50.1 | := | M | 40.3 | | | |
| :BE | | | :U | E | 0.5 | :UN | M | 10.0 | | | |
| | | | :ZV | Z | 1 | :UN | M | 10.1 | | | |
| | | | | | | :U | M | 10.2 | | | |
```
```

```
PB 13                    :U(
:U    M    50.4          :O    M    40.2
:U    M    41.1          :O    M    40.3
:=    A     0.1          :O    M    40.4
:U    M    50.4          :O    M    40.5
:U(                      :)
:O    M    40.1          :=    A     0.5
:O    M    40.2          :U    M    50.4
:)                       :U(
:=    A     0.2          :O    M    40.5
:U    M    50.4          :O    M    40.6
:U    M    40.3          :)
:=    A     0.3          :=    A     0.6
:U    M    50.4          :BE
:U    M    40.7
:=    A     0.4
:U    M    50.4
```

## Übung 12.1: Impulssteuerung einer Heizung

**Funktionsplan:**

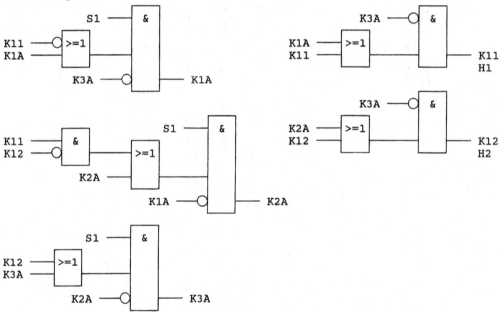

**Realisierung mit einer SPS:**

Zuordnung:

```
S1 = E 0.1        K11 = A 0.1        K1A = M 0.1
                  K12 = A 0.2        K2A = M 0.2
                  H1  = A 0.3        K3A = M 0.3
                  H2  = A 0.4
```

**Anweisungsliste:**

```
:U    E   0.1    :U    E   0.1    :U    E   0.1    :UN   M   0.3    :UN   M   0.3
:U(              :U(              :U(              :U(              :U(
:ON   A   0.1    :U    A   0.1    :O    A   0.2    :O    M   0.1    :O    M   0.2
:O    M   0.1    :UN   A   0.2    :O    M   0.3    :O    A   0.1    :O    A   0.2
:)               :O    M   0.2    :)               :)               :)
:UN   M   0.3    :)               :UN   M   0.2    :=    A   0.1    :=    A   0.2
:=    M   0.1    :UN   M   0.1    :=    M   0.3    :=    A   0.3    :=    A   0.4
                 :=    M   0.2                                      :BE
```

## Übung 12.2: Reklamebeleuchtung

**Funktionsplan:**

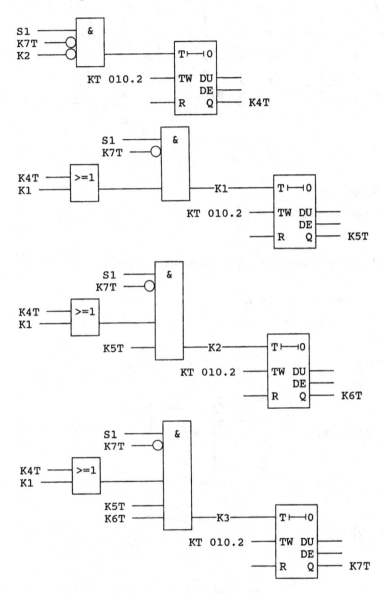

**Realisierung mit einer SPS:**
Zuordnung:

|       |         |     |         |       |        |
|-------|---------|-----|---------|-------|--------|
| S1    | = E 0.1 | K1  | = A 0.1 | K4T   | = T1   |
|       |         | K2  | = A 0.2 | K5T   | = T2   |
|       |         | K3  | = A 0.3 | K6T   | = T3   |
|       |         |     |         | K7T   | = T4   |

**Anweisungsliste:**

```
:U    E    0.1      :U    E    0.1      :U    E    0.1      :U    E    0.1
:UN   T    4        :UN   T    4        :UN   T    4        :UN   T    4
:UN   A    0.2      :U(                 :U(                 :U(
:L    KT 010.2      :O    T    1        :O    T    1        :O    T    1
:SE   T    1        :O    A    0.1      :O    A    0.1      :O    A    0.1
                    :)                  :)                  :)
                    :=    A    0.1      :U    T    2        :U    T    2
                    :U    A    0.1      :=    A    0.2      :U    T    3
                    :L    KT 010.2      :U    A    0.2      :=    A    0.3
                    :SE   T    2        :L    KT 010.2      :U    A    0.3
                                        :SE   T    3        :L    KT 010.2
                                                            :SE   T    4
                                                            :BE
```


## Übung 12.3: Bohrvorrichtung

Den zwei Impulsventilen werden die Merker:
   Impulsventil 0.2 = M1
   Impulsventil 0.3 = M2
zugewiesen.
Für die drei Sammelleitungen ergeben sich folgende logische
Zuordnungen:

$$a_1 = M1 \& \overline{M2} \qquad a_2 = M1 \& M2 \qquad a_3 = \overline{M1}$$

**Funktionsplan:**

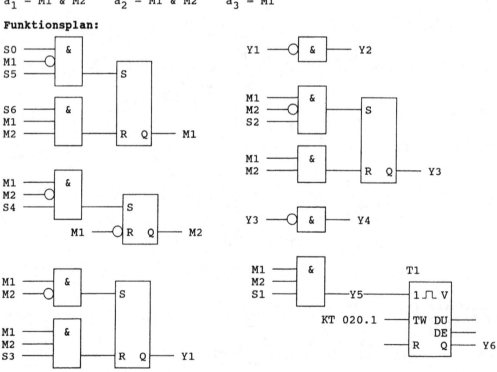

**Realisierung mit einer SPS:**

Zuordnung:

| | | |
|---|---|---|
| S0 = E 0.0 | Y1 = A 0.1 | M1 = M 0.1 |
| S1 = E 0.1 | Y2 = A 0.2 | M2 = M 0.2 |
| S2 = E 0.2 | Y3 = A 0.3 | |
| S3 = E 0.3 | Y4 = A 0.4 | |
| S4 = E 0.4 | Y5 = A 0.5 | |
| S5 = E 0.5 | Y6 = A 0.6 | |
| S6 = E 0.6 | | |

**Anweisungsliste:**

```
:U    E    0.0    :U    M    0.1    :UN   A     0.1    :UN   A     0.3
:UN   M    0.1    :UN   M    0.2    :=    A     0.2    :=    A     0.4
:U    E    0.5    :U    E    0.4
:S    M    0.1    :S    M    0.2    :U    M     0.1    :U    M     0.1
:U    E    0.6    :UN   M    0.1    :UN   M     0.2    :U    M     0.2
:U    M    0.1    :R    M    0.2    :U    E     0.2    :U    E     0.1
:U    M    0.2                      :S    A     0.3    :=    A     0.5
:R    M    0.1          :U    M    0.1    :U    M     0.1    :U    A     0.5
                       :UN   M    0.2    :U    M     0.2    :L    KT 020.1
                       :S    A    0.1    :R    A     0.3    :SV   T     1
                       :U    M    0.1                      :U    T     1
                       :U    M    0.2                      :=    A     0.6
                       :U    E    0.3                      :BE
                       :R    A    0.1
```

## Übung 13.1: Festpunktzahl

a) $Z = 1 * 2^{12} + 1 * 2^3 + 1 * 2^2 + 1 * 2^1 + 1 * 2^0$

   $Z = 4096 \quad + 8 \quad\;\; + 4 \quad\;\; + 2 \quad\;\; + 1 \quad\quad = 4111$ dezimal

b) Bei Wahl des Operandenformats KF wird angezeigt:

   KF = +04111

## Übung 13.2: KM/KH/KY/KC/KF

KM = 00100110 00111111

KH = 263F

KY = 38;63

KC = &?

KF = +09791

## Übung 13.3 Gleitpunktzahlausgabe

a) Z = -4 dezimal

b) KM= $\underbrace{00000010}$ $\underbrace{10000000\;\; 00000000\;\; 00000000}$

   $\quad\quad = 2^2 \quad\quad\quad\quad\quad\quad = -1$

   oder

   KM= $\underbrace{00000011}$ $\underbrace{10111111\;\; 11111111\;\; 11111111}$

   $\quad\quad = 2^3 \quad\quad\quad\quad\quad\quad = -0,5$

   Beide Darstellungen sind möglich. Das PG/AG führt die erste
   Darstellung der Zahl aus.

## Übung 13.4: Gleitpunktzahleingabe

Mantisse 0,1234567 $\left.\rule{0pt}{18pt}\right\}$

Potenz $10^{+2}$ $\quad$ KG = +1234567 +02

## Übung 13.5: Negativer Zahlenwert

L KF -00128
L KH FF80
L KM 11111111 10000000

## Übung 13.6: BCD-codierte Ziffernanzeige

a) Z1: KF = +00012   ->   KM = 0000 0000 0000 1100

                Anzeige:    0      0      0    dunkel        falsch!

b) Z2: KF = +01897   ->   KM = 0000 0111 0110 1001

                Anzeige:    0      7      6      9          falsch!

Um die Zahlen Z1 und Z2 richtig anzeigen zu lassen, müßte vor der
Ausgabe noch eine Codewandlung DUAL -> BCD durchgeführt werden.

## Übung 13.7: BCD-codierter Zahleneinsteller

a) Der Ladebefehl kopiert das anliegende Bitmuster in das Merkerwort:
   KM = 0001 0010 0011 0100

b) Der Zahlenwert wird als Dualzahl gelesen:

   $Z = 1 * 2^{12} + 1 * 2^9 + 1 * 2^5 + 1 * 2^4 + 1 * 2^2$
   $Z = 4096 \quad + 512 \quad + 32 \quad + 16 \quad + 4 = +4660$ dezimal

## Übung 13.8: Hexadezimalzahl

Zunächst muß die Konstante in den Akkumulator geladen werden. Von dort
wird sie zum Merkerwort transferiert. Die Konstante muß in diesem Fall
mit dem Operandenformat "Hexadezimal" geladen werden, da die Bitmuster
der Ziffern 0 ... 9 bei HEX-Zahlen und BCD-Zahlen gleich sind.

L KH 1590
T MW 10

## Übung 13.9: ASCII-Zeichen

a) In 1 Datenwort passen 2 ASCII-Zeichen hinein. Auch die Leerstelle
   ist ein ASCII-Zeichen:
   14 ASCII-Zeichen = 7 Datenworte

b) KC

c) S    T    O    E    R    U    N    G       M    O    T    O    R
   53   54   4F   45   52   55   4E   47   20   4D   4F   54   4F   52

## Übung 14.1: 1 -> 0-Signalwechsel

**Anweisungsliste:**

```
OB 1
        :SPA FB    1
NAME :SIG1-0
        :BE


FB 1
NAME :SIG1-0
        :L    MB    0        Daten "alt"                00001100
        :L    EB    0        Daten "neu"                00001001
        :XOW                 EXOR-Wort ergibt:
        :                    Aenderungsmuster (Akku) 00000101
        :L    MB    0        Daten "alt"                00001100
        :UW                  UND-Wort ergibt:
        :                    1-0-Aenderungsmuster       00000100
        :L    AB    0        1-0-Aenderungen "alt"zB.00100000
        :OW                  OR-Wort
        :T    AB    0        1-0-Aenderungen "neu"      00100100
        :L    EB    0        Daten "neu"                00001001
        :T    MB    0        zum Zwischenspeicher:      00001001
        :                    Diese Daten sind im naechsten
        :                    Programmzyklus dann die Daten
        :                    "alt".
        :UN   E     1.0      Abfrage Quittiertaste,
        :BEB                 wenn nicht betaetigt: Ende
        :L    KB 0           wenn betaetigt: Loeschmuster
        :                                    laden.
        :T    AB    0        Ausgabebyte loeschen.
        :BE
```


## Übung 14.2: Formatwandlung einer negativen Zahl

**Anweisungsliste:**

```
OB 1
        :SPA FB    1
NAME :MESSUMF
        :BE


FB 1
NAME :MESSUMF
        :L    EB    0        Einlesen Messwertbyte,
        :T    MB    0        Uebergabe an Zwischenspeicher.
        :
        :U    M     0.7      Vorzeichen-Bit 07 einlesen.
        :SPB =M001           Sprung zu Marke 001, wenn
        :                    VZ-Bit = 1 (negative Zahl).
        :
        :L    MB    0        Positiver Messwert zur Weiter-
        :T    MB    10       verarbeitung in MB10 bereit.
        :BEA
        :
M001 :R    M     0.7      Negatives VZ-Bit 07 im Zwischen-
        :L    MB    0        speicher loeschen und vom Inhalt
        :KZW                 des Merkerwortes MW0 das Zweier-
        :                    komplement bilden.
        :T    MB    10       Negativer Messwert zur Weiter-
        :BE                  verarbeitung in MB10 bereit.
```

## Übung 14.3: Zahl-Bitmuster-Vergleich

**Anweisungsliste:**

```
OB 1
    :SPA PB    1
    :BE

PB 1
    :SPA FB    1          Zahl-Bitmuster-Vergleich, 1.Ber.
NAME :VERGL
UGR1 :     KH 0801        unterer Grenzwert 1.Ber.: UGR1
UGR2 :     KH 0811        unterer Grenzwert 2.Ber.: UGR2
SOLL :     KH 00AA        Hebelstellungen: 10101010 =AAHex
     :
     :U    A    0.0       Abfrage Freigabe-Ausgang,
     :BEB                 Pruefung Bereich 801-810 beendet
     :
     :SPA FB    1          Zahl-Bitmuster-Vergleich, 2.Ber.
NAME :VERGL
UGR1 :     KH 0811        unterer Grenzwert 2.Ber.: UGR1
UGR2 :     KH 0821        unterer Grenzwert 3.Ber.: UGR2
SOLL :     KH 009A        Hebelstellungen: 10011010 =9AHex
     :
     :U    A    0.0       Abfrage Freigabe-Ausgang,
     :BEB                 Pruefung Bereich 811-820 beendet
     :
     :SPA FB    1          Zahl-Bitmuster-Vergleich, 3.Ber.
NAME :VERGL
UGR1 :     KH 0821        unterer Grenzwert 3.Ber.: UGR1
UGR2 :     KH 0831        unterer Grenzwert 4.Ber.: UGR2
SOLL :     KH 0096        Hebelstellungen: 10010110 =96Hex
     :
     :U    A    0.0       Abfrage Freigabe-Ausgang,
     :BEB                 Pruefung Bereich 821-830 beendet
     :
     :SPA FB    1          Zahl-Bitmuster-Vergleich, 4.Ber.
NAME :VERGL
UGR1 :     KH 0831        unterer Grenzwert 3.Ber.: UGR1
UGR2 :     KH 0841        unterer Grenzwert 4.Ber.: UGR2
SOLL :     KH 0059        Hebelstellungen: 01011001 =59Hex
     :
     :U    A    0.0       Abfrage Freigabe-Ausgang,
     :BEB                 Pruefung Bereich 831-840 beendet
     :
     :SPA FB    1          Zahl-Bitmuster-Vergleich, 5.Ber.
NAME :VERGL
UGR1 :     KH 0841        unterer Grenzwert 4.Ber.: UGR1
UGR2 :     KH 0851        unterer Grenzwert 5.Ber.: UGR2
SOLL :     KH 0055        Hebelstellungen: 01010101 =55Hex
     :
     :U    A    0.0       Abfrage Freigabe-Ausgang,
     :BE                  Pruefung Bereich 841-850 beendet
```

```
FB 1
NAME :VERGL
BEZ  :UGR1      E/A/D/B/T/Z: D  KM/KH/KY/KC/KF/KT/KZ/KG: KH
BEZ  :UGR2      E/A/D/B/T/Z: D  KM/KH/KY/KC/KF/KT/KZ/KG: KH
BEZ  :SOLL      E/A/D/B/T/Z: D  KM/KH/KY/KC/KF/KT/KZ/KG: KH

     :R    A    0.0          Loeschen des Freigabe-Ausgangs.
     :
     :L    EW   12           Sollwertvorgabe laden,
     :LW   =UGR1             unteren Grenzwert UGR1 laden,
     :<F                     Vergleich auf UGR1 < EW12,
     :BEB                    wenn ja, Ende.
     :L    EW   12           Sollwertvorgabe laden,
     :LW   =UGR2             unteren Grenzwert UGR2 laden,
     :<F                     Vergleich auf UGR2 < EW12,
     :SPB  =M001             Sprung zu M001, wenn Sollwert-
     :BEB                    bereich gefunden, sonst Ende.
     :
M001 :L    EB   0           Getriebehebelstellungen IST-Wert
     :LW   =SOLL             Getriebehebelstellungen SOLL,
     :!=F                    Vergleich
     :S    A    0.0          Freigabe-Ausgang setzen,da
     :BE                     Uebereinstimmung.
```

## Übung 14.4: Sollwertvorgabe für Rezeptsteuerung

**Anweisungsliste:**

```
OB 1
     :SPA  PB   1
     :BE

PB 1
     :U    E    0.0          Wischerimpuls
     :UN   M    0.1
     :=    M    0.0
     :S    M    0.1
     :UN   E    0.0
     :R    M    0.1          Rezeptuebergabe vom Datenbau-
     :                       stein zum Merkerbereich starten.
     :U    M    0.0
     :SPB  FB   1
NAME :SOLLWERT
     :                       Quittungssignal loescht
     :                       Stoermeldungsanzeige.
     :U    E    0.1
     :R    A    0.0
     :BE

DB10
     0:     KH = 0000;        Rezeptnummer
     1:     KH = 0000;        Anfangsadresse Rezept
     2:     KH = 0000;        Adresse fuer Merkerworte
     3:     KH = 0000;
     4:     KH = 1A1A;        Menge QA1
     5:     KH = 1B1B;        Menge QB1
     6:     KH = 1C1C;        Temperatur TEMP1
     7:     KH = 0000;
     8:     KH = 2A2A;        Menge QA2
     9:     KH = 2B2B;        Menge QB2
    10:     KH = 2C2C;        Temperatur TEMP2
    11:     KH = 0000;
    12:     KH = 3A3A;        Menge QA3
    13:     KH = 3B3B;        Menge QB3
    14:     KH = 3C3C;        Temperatur TEMP3
    15:
```

```
FB 1
NAME  :SOLLWERT
      :A    DB    10          Aufruf Datenbaustein DB10.
      :
      :L    KF   +0           Schrittzaehler auf Anfangs-
      :T    MB    16          wert 0 setzen.
      :
      :L    EB    12          Rezeptnummer laden,
      :L    KH  0003          hoechste Rezeptnummer,
      :>F                     Vergleich,
      :SPB  =M001             Sprung zu Stoermeldung, wenn
      :                       Rezeptnummer > 3.
      :
      :L    EB    12          Rezeptnummer laden,
      :L    KH  0001          kleinste Rezeptnummer,
      :<F                     Vergleich,
      :SPB  =M001             Sprung zu Stoermeldung, wenn
      :                       Rezeptnummer < 1.
      :
      :L    EB    12          Rezeptnummer laden,
      :T    DW     0          Rezeptnummer in DW0 speichern,
      :SLW         2          Rezeptnummer mal 4 = Anfangsadr.
      :T    DW     1          Anfangsadresse in DW1 speichern.
      :
      :L    KF   +10          Adresse fuer Merkerwort MWQA,
      :T    DW     2          zum Adressenregister bringen.
      :
M002  :B    DW     1          Laden des Datenwortes, dessen
      :L    DW     0          Nummer in DW1 steht.
      :
      :B    DW     2          Akkuinhalt zu dem Merkerwort
      :T    MW     0          transferieren, dessen Nummer
      :                       in DW2 steht.
      :
      :L    MB    16          Schrittzaehler um 1 erhoehen.
      :I           1
      :T    MB    16
      :
      :L    MB    16          Abbruch nach 3. Schritt, d.h.
      :L    KF    +3          Mengen QA, QB un TEMP sind
      :!=F                    uebertragen.
      :BEB
      :
      :L    DW     2          Stand des Adressenregisters
      :I           2          laden und um 2 erhoehen, um so
      :T    DW     2          von MW10 fuer MWQA nach Merker-
      :                       wort MW12 fuer MWQB und dann
      :                       nach MW14 fuer MWTEMP zu kommen.
      :
      :L    DW     1          Stand des Rezeptnummernregisters
      :I           1          laden und um 1 erhoehen, um so
      :T    DW     1          von Menge QA ueber Menge QB zu
      :                       Temperaturwert TEMP zu kommen.
      :
      :SPA  =M002             Sprung zum Schleifenanfang.
      :
M001  :S    A    0.0          Stoermeldung einschalten, da
      :BE                     falsche Rezeptnummer.
```

## Übung 14.5: Qualitätskontrolle mit Fehlerauswertung

**Anweisungsliste:**

OB 1

|  |  |  |  |
|---|---|---|---|
| :U | E | 0.6 | Beim Einschalten von S6 mit dem |
| :SPB | PB | 1 | Bearbeitungszyklus beginnen. |
| : |  |  |  |
| :UN | E | 0.6 | Beim Ausschalten von S6 Merker, |
| :SPB | FB | 2 | Ausgaenge und Zaehler loeschen. |
| NAME | :LOESCHEN |  |  |
| :BE |  |  |  |

PB 1

|  |  |  |  |
|---|---|---|---|
| :U | E | 0.0 | Flankenauswertung fuer Pruef- |
| :UN | M | 0.1 | signal S5. |
| := | M | 0.0 |  |
| :S | M | 0.1 |  |
| :UN | E | 0.0 |  |
| :R | M | 0.1 |  |
| : |  |  |  |
| :U | M | 0.0 | Bei Pruefsignal S5 einen Pruef- |
| :SPB | FB | 1 | vorgang durchfuehren. |
| NAME | :QUALIT-K |  |  |
| : |  |  |  |
| :U | E | 0.6 | Flankenauswertung fuer Ein- |
| :UN | M | 0.7 | schalten der Anlage durch S6. |
| := | M | 0.6 |  |
| :S | M | 0.7 |  |
| :UN | E | 0.6 |  |
| :R | M | 0.7 |  |
| : |  |  |  |
| :O | M | 0.6 | Bei Einschalten der Anlage und |
| :O | M | 0.0 | bei jedem Pruefvorgang das |
| :L | KT | 005.2 | Zeitglied 5sec starten. |
| :SV | T | 1 |  |
| : |  |  |  |
| :U | T | 1 | Bandmotor A1 einschalten solange |
| := | A | 0.1 | Zeitglied laeuft. |
| : |  |  |  |
| :O | M | 1.0 | Weiche A0 fuer Ausschuss stellen |
| :O | M | 2.0 |  |
| :O | M | 3.0 |  |
| :O | M | 4.0 |  |
| :O | M | 5.0 |  |
| := | A | 0.0 |  |
| : |  |  |  |
| :U | M | 0.0 | Fehler zaehlen fuer |
| :U | M | 1.0 | Pruefstelle K0 |
| :ZV | Z | 0 |  |
| : |  |  |  |
| :U | M | 0.0 | Fehler zaehlen fuer |
| :U | M | 2.0 | Pruefstelle K1 |
| :ZV | Z | 1 |  |
| : |  |  |  |

```
        :U    M     0.0      Fehler zaehlen fuer
        :U    M     3.0      Pruefstelle K2
        :ZV   Z     2
        :
        :U    M     0.0      Fehler zaehlen fuer
        :U    M     4.0      Pruefstelle K3
        :ZV   Z     3
        :
        :U    M     0.0      Fehler zaehlen fuer
        :U    M     5.0      Pruefstelle K4
        :ZV   Z     4
        :BE

FB 1
NAME :QUALIT-K
        :L    MB    4        Verschiebung der "alten" Fehler
        :SRW        1        um eine Stelle nach rechts
        :T    MB    5        fuer jeden Bandvorschub und
        :                    Weitergabe an das nachfolgende
        :L    MB    3        Fehlerspeicherregister.
        :SRW        1
        :T    MB    4
        :
        :L    MB    2
        :SRW        1
        :T    MB    3
        :
        :L    MB    1
        :SRW        1
        :T    MB    2
        :
        :L    EB    1        Einlesen eventueller "neuer"
        :T    MB    1        Fehler.
        :BE

FB 2
NAME :LOESCHEN
        :R    A     0.0      Loeschen der Ausgaenge fuer
        :R    A     0.1      Weiche A0 und Bandmotor A1,
        :
        :R    Z     0        Ruecksetzen der Fehlerzaehler,
        :R    Z     1
        :R    Z     2
        :R    Z     3
        :R    Z     4
        :
        :L    KB 0           Loeschen der Fehlerregister
        :T    MB    1        beim Ausschalten der Anlage.
        :T    MB    2
        :T    MB    3
        :T    MB    4
        :T    MB    5
        :BE
```

## Übung 14.6: Parametrierter Funktionsbaustein

**Anweisungsliste:**

PB 1

Das im FB1 ausgefuehrte Programm
lautet mit den Daten von PB1:

```
    :U    E     0.0
    :L    KT 025.0
    :SE   T     1
    :U    T     1
    :=    A     0.0
    :
    :U    E     0.1
    :L    KZ 005
    :S    Z     1
    :
    :SPA  PB  10
    :BE
```

PB 2

Das im FB1 ausgefuehrte Programm
lautet mit den Daten von PB2:

```
    :U    E     1.0
    :L    KT 001.2
    :SE   T     2
    :U    T     2
    :=    A     1.0
    :
    :U    E     0.1
    :L    KZ 010
    :S    Z     2
    :
    :SPA  PB  20
    :BE
```

## Übung 15.1: Anzeigenauswahl

**Realisierung mit einer SPS:**

Zuordnung:

```
  S0 = E 0.0    AW = AW 16 (BCD-codiert)    Zähler: Z1
  S1 = E 0.1                                        Z2
  S2 = E 0.2
  S3 = E 0.3
```

**Anweisungsliste:**

OB 1

```
      :SPA FB   1
NAME :ANZEIGE
      :BE
```

FB 1

```
NAME :ANZEIGE
      :U    E    0.1
      :ZV   Z    1
      :UN   E    0.0
      :R    Z    1
      :
      :U    E    0.2
      :ZV   Z    2
      :UN   E    0.0
      :R    Z    2
      :
      :U    E    0.3
      :SPB  =M001
      :LC   Z    2
      :T    AW  16
      :BEA
      :
M001 :LC   Z    1
      :T    AW  16
      :BE
```

## Übung 15.2: Sollwert-Begrenzer

**Funktionsplan als Grobstruktur:**

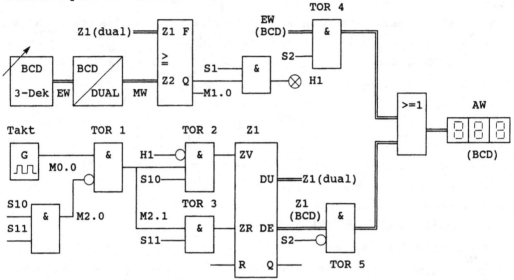

**Programmstruktur:**

PB1

```
1. Taktgenerator
2. Wandlung Dual-BCD
3. Ausgabe Grenzwert erreicht
```

FB1

```
1. Aufwärtszählen und Grenzwert
2. Abwärtszählen
3. Verriegelungen
4. Ausgabe Sollwert (Grenzwert)
```

**Realisierung mit einer SPS:**

Zuordnung:

```
S1  = E 0.1    EW = EW 12    M 0.0 Takt        MW = MW 12
S2  = E 0.2    H1 = A 0.0    M 1.0 Hilfsmerker Z1 = Zähler
S10 = E 1.0    AW = AW 16    M 2.0    "
S11 = E 1.1                  M 2.1    "
```

**Anweisungsliste:**

```
PB 1
      :UN  M    0.0      Taktgeber mit 4 Impulse pro
      :L   KT 025.0      sekunde.
      :SE  T    1
      :U   T    1
      :=   M    0.0
      :
      :SPA FB   1        Zaehler fuer Sollwerteinstellung
NAME :ZAEHLER
      :
      :SPA FB 240        Einlesen des Grenzwertes:
NAME :COD:B4
BCD  :    EW  12            * Grenzwert (BCD-codiert)
SBCD :    M  100.0
DUAL :    MW  12            * Grenzwert (dual-codiert)
      :
      :L   Z    1        Grenzwertueberwachung Zaehler
      :L   MW  12
      :>=F
      :=   M    1.0
      :BE
```

```
FB 1
NAME :ZAEHLER
      :U   E   1.0         Fehlererkennung
      :U   E   1.1         Sollwert soll gleichzeitig
      :=   M   2.0         erhoeht und vermindert werden
      :
      :U   M   0.0         Tor 1
      :UN  M   2.0
      :=   M   2.1
      :
      :U   E   0.1         Anzeige Grenzwert erreicht
      :U   M   1.0         oder ueberschritten
      :=   A   0.0
      :
      :UN  A   0.0         Tor 2
      :U   M   2.1
      :U   E   1.0
      :ZV  Z   1           Vorwaertszaehlen
      :
      :U   M   2.1         Tor 3
      :U   E   1.1
      :ZR  Z   1           Rueckwaertszaehlen
      :
      :U   E   0.2         Tor 4
      :SPB =MOO1
      :
      :LC  Z   1           Tor 5
      :T   AW  16              * Anzeige aktueller Sollwert
      :BEA
      :
MOO1 :L   EW  12
      :T   AW  16              * Anzeige Grenzwert
      :BE
```

## Übung 15.3: Sollwertnachführung

**Funktionsplan als Grobstruktur:**

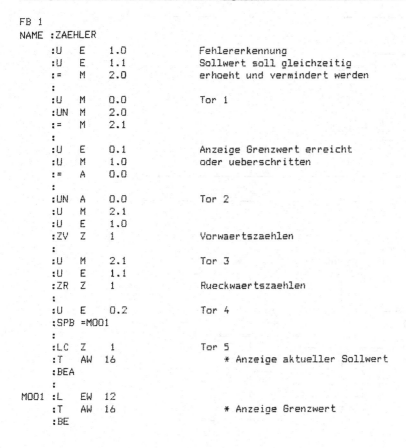
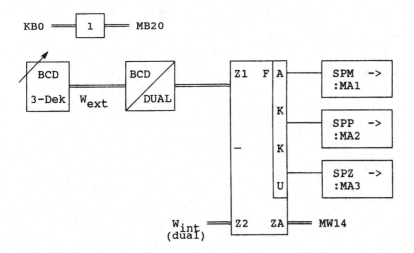

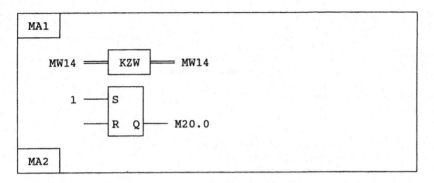

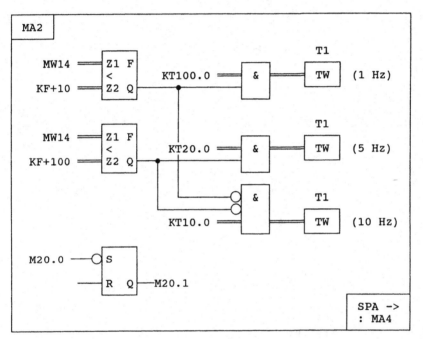

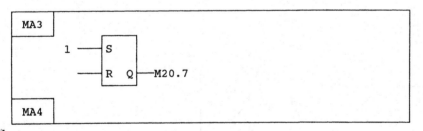

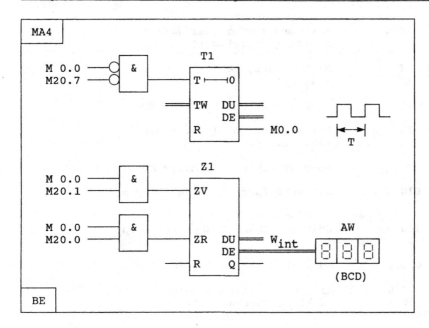

**Realisierung mit einer SPS:**

Zuordnung:

| | | | |
|---|---|---|---|
| $W_{ext}$ = EW12 | $W_{int}$ = Z1 (dual) | M 0.0 | Takt |
| | AW = AW16 | M20.0 | Richtungsmerker Ab |
| | T1 = Zeitglied | M20.1 | Richtungsmerker Auf |
| | Z1 = Zähler | M20.7 | Merker Taktstop |
| | | MW12 | Wext (dual-codiert) |
| | | M14 | Ergebnis ($W_{ext}$-$W_{int}$) |

**Anweisungsliste:**

FB 1

Zur uebersichtlicheren Darstellung des Programms werden die Sprungmarken MA1 MA2, MA3, MA4 fuer den Programmablauf nach der Rechenoperation (Wext - Wint) und die Sprungmarken M001, M002, M003 fuer die 3 verschiedenen Zeitwerte KT verwendet. Beim Programmlauf im Automatisierungsgeraet werden die Sprungmarken vom AG umbenannt.

```
NAME :SOLLWERT
     :L   KB 0          Ruecksetzen der Merker
     :T   MB  20        M 20.0, M20.1 und M 20.7
     :
     :SPA FB 240        Sollwert einlesen*
NAME :COD:B4
BCD  :    EW  12          *Sollwert (BCD-codiert)
SBCD :    M  100.0
DUAL :    MW  12          *Sollwert (dual-codiert)
     :
     :L   MW  12        Rechenoperation (Wext - Wint)
     :L   Z   1
     :-F
     :T   MW  14        Ergebnis
     :SPM =MA1          Sprung, wenn Ergebnis negativ.
     :SPP =MA2          Sprung, wenn Ergebnis positiv.
     :SPZ =MA3          Sprung, wenn Ergebnis Null.
     :
MA1  :L   MW  14        Vorzeichenumkehr bei negativen
     :KZW               Ergebnis in MW14.
     :T   MW  14
```

```
          :
          :S    M    20.0      Richtungsmerker fuer Zaehl-
          :                    richtung "rueckwaerts".
          :
MA2       :L    MW   14        Feststellen, ob (Wext - Wint)
          :L    KF  +10        < 10 ist.
          :<F
          :SPB  =M001          Wenn ja, Sprung zu Marke M001.
          :
          :L    MW   14        Feststellen, ob (Wext - Wint)
          :L    KF  +100       <100 ist.
          :<F
          :SPB  =M002          Wenn ja, sprung zu Marke M002.
          :
          :L    KT  010.0      Zeitwert fuer 10 Hz-Takt laden.
          :SPA  =M003
          :
M001      :L    KT  100.0      Zeitwert fuer  1 Hz-Takt laden.
          :SPA  =M003
          :
M002      :L    KT  020.0      Zeitwert fuer  5 Hz-Takt laden.
          :
M003      :UN   M    20.0      Richtungsmerker fuer Zaehl-
          :S    M    20.1      richtung "vorwaerts".
          :SPA  =MA4
          :
MA3       :S    M    20.7      Hilfsmerker fuer Takt-Stop
          :                    setzen, da Istwert = Sollwert.
          :
MA4       :UN   M    0.0       Taktgenerator
          :UN   M    20.7
          :SE   T    1
          :U    T    1
          :=    M    0.0
          :
          :U    M    0.0       Zaehler (Sollwert)
          :U    M    20.1
          :ZV   Z    1
          :U    M    0.0
          :U    M    20.0
          :ZR   Z    1
          :LC   Z    1         Ausgabe Sollwert an Ziffern-
          :T    AW   16        anzeige (BCD-codiert).
          :BE
```

## Übung 15.4: Zeitabhängiges Schrittschaltwerk

**Funktionsplan als Grobstruktur:**

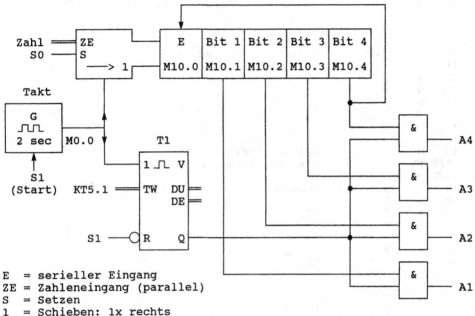

E  = serieller Eingang
ZE = Zahleneingang (parallel)
S  = Setzen
1  = Schieben: 1x rechts

**Programmstruktur:**

PB1

1. Flankenauswertung S0
2. Ringschieberegister
   setzen: M10.0 = 1
4. Taktgeber
5. SPB FB1
6. Ausgabe
7. Löschen

FB1

1. Bitmuster schieben
2. Ring schließen

**Realisierung mit einer SPS:**

Zuordnung:

| | | | |
|---|---|---|---|
| S0 = E 0.0 | A1 = A 0.1 | MW10 | Ringschieberegister |
| S1 = E 0.1 | A2 = A 0.2 | M 0.0 | Takt |
| | A3 = A 0.3 | T1 | Zeitglied für Takt |
| | A4 = A 0.4 | T2 | Zeitglied Impulsausgabe |

**Anweisungsliste:**

PB 1

```
        :U    E    0.0        Hauptschalter S0:
        :UN   M    1.1        Flankenauswertung fuer
        :=    M    1.0        0-->1-Flanke.
        :S    M    1.1
        :UN   E    0.0
        :R    M    1.1
        :
        :U    M    1.0
        :S    M    10.0
        :R    M    10.1
        :R    M    10.2
        :R    M    10.3
        :R    M    10.4
        :
```

```
       :U    E    0.1        Taktgeber 2 sec.
       :UN   M    0.0
       :L    KT 020.1
       :SE   T    1
       :U    T    1
       :=    M    0.0
       :
       :U    M    0.0        Zeitglied 0,5 sec.
       :L    KT 005.1
       :SV   T    2
       :UN   E    0.1
       :R    T    2
       :U    T    2
       :=    M    0.1
       :
       :U    M    0.0        Bei 0-->1-Flanke einen
       :SPB  FB   1          Schiebevorgang ausfuehren.
NAME   :SCHIEBEN
       :U    M    10.1       Ausgabe:
       :U    M    0.1
       :=    A    0.1        A1
       :
       :U    M    10.2
       :U    M    0.1
       :=    A    0.2        A2
       :
       :U    M    10.3
       :U    M    0.1
       :=    A    0.3        A3
       :
       :U    M    10.4
       :U    M    0.1
       :=    A    0.4        A4
       :
       :
       :U    E    0.0        Bei Ausschalten des Haupt-
       :BEB                  schalters das Bitmuster im
       :L    KF +0           Ringschieberegister loeschen.
       :T    MW   10
       :BE

FB 1
NAME   :SCHIEBEN
       :L    MW   10         Bitmuster in Ringschieberegister
       :SLW       1          schieben.
       :T    MW   10
       :U    M    10.4       Ring schliessen.
       :=    M    10.0
       :BE
```

## **Übung 15.5: Analyse eines Steuerungsprogramms**

**Funktionsplan als Grobstruktur:**

KB0 ══ 1 ══ MB2        Rücksetzen der Merker M 2.0 bis M 2.4

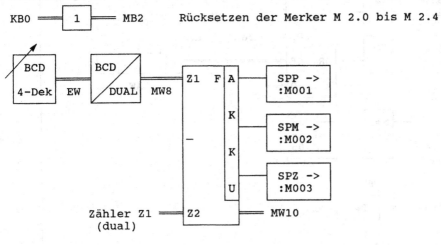

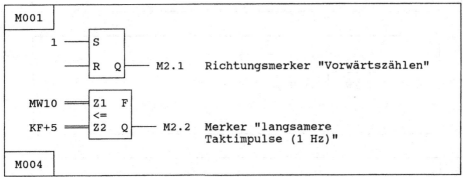

M001

```
1 ── S
    ── R  Q ── M2.1    Richtungsmerker "Vorwärtszählen"
```

```
MW10 ══ Z1  F
        <=
KF+5 ══ Z2  Q ── M2.2    Merker "langsamere
                          Taktimpulse (1 Hz)"
```

M004

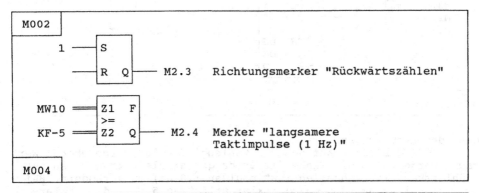

M002

```
1 ── S
    ── R  Q ── M2.3    Richtungsmerker "Rückwärtszählen"
```

```
MW10 ══ Z1  F
        >=
KF-5 ══ Z2  Q ── M2.4    Merker "langsamere
                          Taktimpulse (1 Hz)"
```

M004

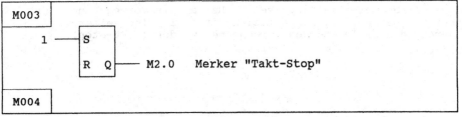

M003

```
1 ── S
    ── R  Q ── M2.0    Merker "Takt-Stop"
```

M004

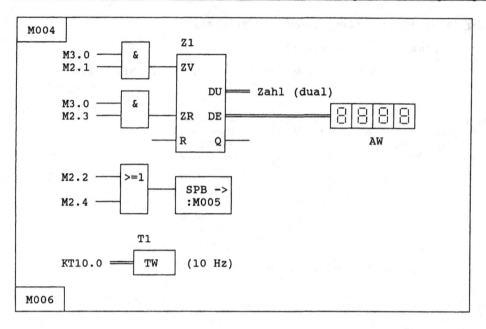

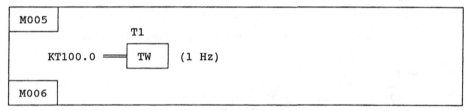

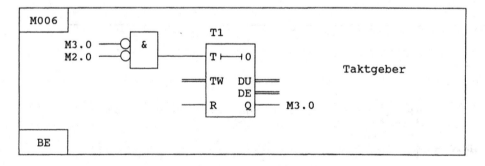

Aufgabe des Steuerungsprogramms:
Der Zählerstand Z1 soll auf den vom Zahleneinsteller vorgegebenen Wert
gebracht werden. Ist die Zahlendifferenz größer als Betrag 5, so ist
der Zählerstand mit schnellen Taktimpulsen (10 Hz) zu verändern. Bei
einer Zahlendifferenz gleich oder kleiner Betrag 5 soll der Zählerstand mit langsameren Taktimpulsen (1 Hz) an den vorgegebenen Wert
herangeführt werden. Bei Zahlengleichheit soll keine weitere
Veränderung des Zählerstandes vorgenommen werden (Takt-Stop).

## Übung 16.1: Gewichtsangabe

Berechnungsregel:
Mit der 10-Bit-Auflösung der elektronischen Waage sind insgesamt $2^{10}$ =
1024 verschiedene Werte (0 ... 1023) darstellbar, die einem Gewicht von
0 ... 999 kg entsprechen. Die 1024 Alt-Werte sind in 1000 Neu-Werte des
Wertebereichs 0 ... 999 proportional umzusetzen:

$$\text{Neu-Wert} = \text{Alt-Wert} * \frac{1000}{1024}$$

Neu-Wert = Alt-Wert * 0,9765625

Es ist die Dualzahl für dezimal 0.9765625 zu finden:
Man schreibt den Zahlenwert 1000 als Dualzahl und dividiert durch 1024,
indem man das Komma um 10 Stellen nach links schiebt.

| dezimal | dual |
|---|---|
| $\dfrac{1000}{1024} = 0,9765625$ | 0,1111101 |

Der Alt-Wert steht am Eingangswort EW0 an:
  000000xx  xxxxxxxx

Diese Zahl wird zuerst durch Linksschieben um 6 Stellen linksbündig
ausgerichtet:
  xxxxxxxx  xx000000

Dann erfolgt die eigentliche Multiplikation mit 0,1111101 durch
Schieben und Addieren. Es wird dann das zuerst ausgeführte Linksschieben um 6 Stellen rückgängig gemacht und der so erhaltene Neu-Wert
von Dual nach BCD gewandelt.

**Programmablaufplan:**

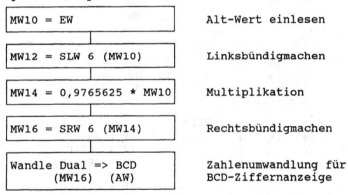

| | |
|---|---|
| MW10 = EW | Alt-Wert einlesen |
| MW12 = SLW 6 (MW10) | Linksbündigmachen |
| MW14 = 0,9765625 * MW10 | Multiplikation |
| MW16 = SRW 6 (MW14) | Rechtsbündigmachen |
| Wandle Dual => BCD<br>  (MW16)   (AW) | Zahlenumwandlung für<br>BCD-Ziffernanzeige |

**Realisierung mit einer SPS:**
Zuordnung:
  EW = EW0     AW = AW16     MW10    Alt-Wert
                            MW12    Hilfsmerkerwort
                            MW14    Hilfsmerkerwort
                            MW16    Neu-Wert

**Anweisungsliste:**

FB 1
NAME :NORMIERE

```
    :L    EW    0      :L    MW   12      :L    MW   12              :L    MW   14
    :T    MW   10      :SRW       1       :SRW        4              :SRW        6
    :                  :L    MW   12      :+F                        :T    MW   16
    :L    MW   10      :SRW       2       :L    MW   12              :
    :SLW       6       :+F                :SRW        5              :SPA FB 241
    :T    MW   12      :L    MW   12      :+F                  NAME :COD:16
    :                  :SRW       3       :L    MW   12        DUAL  :    MW   16
                       :+F                :SRW        7        SBCD  :    M 100.0
                                          :+F                  BCD2  :    MB   18
                                          :T    MW   14        BCD1  :    AW   16
                                          :                          :BE
```

## Übung 16.2: Analyse eines Struktogramms

Es sollen drei Zahlen auf Größtwert und Kleinstwert untersucht werden.
Die Zahlen stehen in den Datenwörtern DW4, DW5 und DW6 des Daten-
bausteins DB10.
Das Struktogramm zeigt den Algorithmus, mit dem die kleinste Zahl der
drei Datenworte nach Merkerwort MW0 und die größte Zahl nach Merkerwort
MW2 gebracht wird. Sind alle drei Zahlen gleich groß, so steht diese
Zahl abschließend in MW0 und MW2.

**Anweisungsliste:**

FB 1
NAME :SORTIERE

```
    :A    DB   10    M002 :L    DW    6    M004 :L    DW    5
    :                     :T    MW    0         :L    DW    6
    :L    DW    4         :L    DW    5         :>F
    :L    DW    5         :T    MW    2         :SPB =M005
    :>F                   :BEA                  :
    :SPB =M001           :                      :L    DW    5
    :                M003 :L    DW    4         :T    MW    0
    :L    DW    4         :T    MW    0         :L    DW    4
    :L    DW    6         :L    DW    5         :T    MW    2
    :>F                   :T    MW    2         :BEA
    :SPB =M002            :BEA                  :
    :                     :                M005 :L    DW    6
    :L    DW    5    M001 :L    DW    4         :T    MW    0
    :L    DW    6         :L    DW    6         :L    DW    4
    :>F                   :>F                   :T    MW    2
    :SPB =M003            :SPB =M004            :BE
    :                     :
    :L    DW    4         :L    DW    5    DB10
    :T    MW    0         :T    MW    0      0:      KF = +00000;
    :L    DW    6         :L    DW    6      1:      KF = +00000;
    :T    MW    2         :T    MW    2      2:      KF = +00000;
    :BEA                  :BEA               3:      KF = +00000;
    :                     :                  4:      KF = +01000;
                                             5:      KF = +01001;
                                             6:      KF = +01002;
                                             7:
```

## Übung 16.3: Bereichsermittlung

**Zuordnungstabelle:**

| Eingangsvariable | Betriebsmittel-kennzeichen | Logische Zuordnung |
|---|---|---|
| Eingangswort | EW | 16-Bit (dual-codiert) |
| Ausgangsvariable | | |
| Meldeleuchten für<br>Bereich     0 ...     39<br>Bereich    40 ...    399<br>Bereich   400 ...   3999<br>Bereich  4000 ... 39999<br>Bereich 40000 ... | <br>H1<br>H2<br>H3<br>H4<br>H5 | <br>EW in Bereich 1, H1 = 1<br>EW in Bereich 2, H2 = 1<br>EW in Bereich 3, H3 = 1<br>EW in Bereich 4, H4 = 1<br>EW in Bereich 5, H5 = 1 |

Der dual-codierte 16-Bit-Wert des Eingangswortes EW wird als vor-
zeichenlose Dualzahl interpretiert. Beim Programmtest kann man sich die
Zahlenwerte vom Programmiergerät anzeigen lassen (Status variabel). Da
Zahlenwerte über 32767 im Format Festpunktzahl nicht mehr richtig
angezeigt werden, ist es zweckmäßig, sich das Eingangswort als Hex-Zahl
anzeigen zu lassen:

    32767 = 7FFF
    32768 = 8000
    39999 = 9C3F
    40000 = 9C40

**Programmablaufplan:**
Lösung 1:

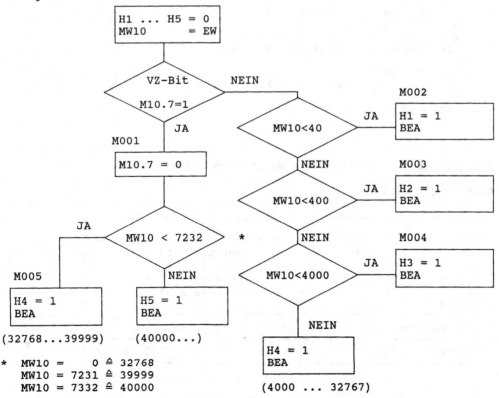

(32768...39999)     (40000...)

*   MW10 =     0 ≙ 32768
    MW10 = 7231 ≙ 39999
    MW10 = 7332 ≙ 40000

(4000 ... 32767)

**Lösung 2:**
Eine einfachere Lösung ergibt sich, wenn man das Eingangswort EW durch
2 dividiert und die Bereichsgrenzen halbiert. Damit wird die Über-
schreitung des Zahlenbereichs der Festpunktzahlen vermieden.

**Realisierung der Lösung 1 mit einer SPS**
Zuordnung:

```
EW = EW0      H1 = A 0.1      MW10 Hilfsmerkerwort
              H2 = A 0.2
              H3 = A 0.3
              H4 = A 0.4
              H5 = A 0.5
```

**Anweisungsliste:**

```
FB 1
NAME :BEREICHE
        :R    A    0.1        :S    A    0.4
        :R    A    0.2        :BEA
        :R    A    0.3        :
        :R    A    0.4   M001 :R    M    10.7
        :R    A    0.5        :
        :L    EW   0          :L    MW   10
        :T    MW   10         :L    KF +7232
        :                     :<F
        :U    M    10.7       :SPB =M005
        :SPB =M001            :
        :                     :S    A    0.5
        :L    MW   10         :BEA
        :L    KF +40          :
        :<F              M005 :S    A    0.4
        :SPB =M002            :BEA
        :                     :
        :L    MW   10    M002 :S    A    0.1
        :L    KF +400         :BEA
        :<F                   :
        :SPB =M003       M003 :S    A    0.2
        :                     :BEA
        :L    MW   10         :
        :L    KF +4000   M004 :S    A    0.3
        :<F                   :BE
        :SPB =M004
        :
```

## Übung 16.4: Dosierungsvorgabe mit Tasten

**Zuordnungstabelle:**

| Eingangsvariable | Betriebsmittel-kennzeichen | Logische Zuordnung |
|---|---|---|
| Taste 1 | S1 | betätigt, S1 = 1 |
| Taste 2 | S2 | betätigt, S2 = 1 |
| Taste 3 | S3 | betätigt, S3 = 1 |
| Taste 4 | S4 | betätigt, S4 = 1 |
| Taste 5 | S5 | betätigt, S5 = 1 |
| Ausgangsvariable | | |
| Ziffernanzeige | AW | 4-stellig, BCD-codiert |

Lösung gemäß Lehrbuch S. 342 - 346. Das dortige Tastaturprogramm muß noch auf die Tastenanzahl angepaßt werden. Ergänzt werden muß ein Programmteil für den Datentransfer von den Datenwörtern zum Dosierungs-Merkerwort.

**Struktogramm:**
FB1

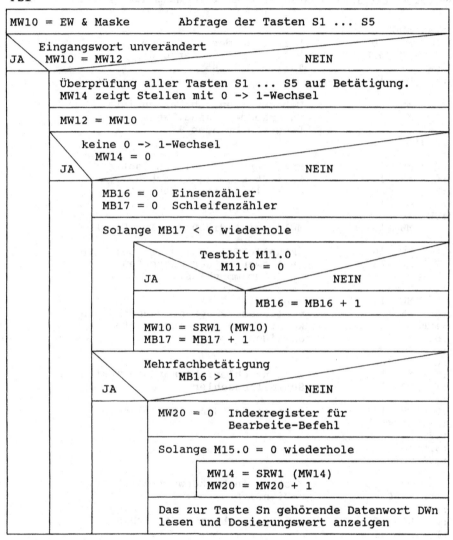

**Realisierung mit einer SPS:**
Zuordnung:

| | | |
|---|---|---|
| S1 = E 1.1 | AW = AW16 | MW10 Maskierte Signale S1 ... S5 (neu) |
| S2 = E 1.2 | | MW12 Maskierte Signale S1 ... S5 (alt) |
| S3 = E 1.3 | | MW14 Anzeige 0 -> 1 Wechsel |
| S4 = E 1.4 | | MB16 Zähler für die Anzahl der |
| S5 = E 1.5 | | gleichzeitig betätigten Tasten |
| EW = EW0 | | MB17 Stellenzähler |
| | | MW20 Indexregister für Bearbeite-Befehl |

**Anweisungsliste:**

FB 1

Zum Erkennen, ob Tasten betaetigt wurden, wird die Flankenauswertung ange-
wendet. Diese Methode ist sicherer als eine Zustandsauswertung der Tastensignale. Werden z.B. zwei Tasten gleichzeitig betaetigt aber ungleichzeitig
losgelassen, so wuerde bei einer Zustandsauswertung der Tastensignale der
Dosierungswert der zuletzt losgelassenen Taste angezeigt werden.

```
NAME :TRANSFER
      :L    EW    0        Maskieren der Eingaenge
      :L    KH  003E       E 1.1...E 1.5 fuer die
      :UW                  Tasten S1...S5.
      :T    MW   10
      :
      :L    MW   10        Ueberpruefen, ob Tastensignale
      :L    MW   12        unveraendert sind. Wenn ja,
      :!=F                 Programm beenden.
      :BEB
      :
      :L    MW   10        Erkennen, bei welchen Tasten
      :L    MW   12        S1...S5 ein Signalwechsel von
      :XOW                 0 ==> 1 stattgefunden hat.
      :L    MW   10
      :UW
      :T    MW   14        MW14 zeigt die 0 ==> 1 - Flanken
      :
      :L    MW   10        Aktuelle Tastensignale speichern
      :T    MW   12        (= Altwerte fuer naechsten
      :                        Programmzyklus).
      :
      :L    MW   14        Wenn keine 0 ==> 1 - Flanken
      :L    KF   +0        vorliegen, Programm beenden, d.h
      :!=F                 keine neuen Dosierungswerte
      :BEB                 anzeigen.
      :
      :L    KF   +0
      :T    MB   16        Einsenzaehler: betaetigte Tasten
      :T    MB   17        Schleifenzaehler
      :
M004  :L    MB   17        Abfrage der Schleifenumlaeufe
      :L    KF   +6
      :<F
      :SPB =M001
      :SPA =M002
      :
M001  :UN   M    11.0      Testbit in Merkerwort MW10 auf
      :SPB =M003           0-Signal pruefen:
      :
      :L    MB   16        * Einsenzaehler um +1 erhoehen.
      :I         1
      :T    MB   16
      :
M003  :L    MW   10        * Rechtsschieben der Pruef-
      :SRW       1           wortes.
      :T    MW   10
      :L    MB   17        * Schleifenzaehler um +1
      :I         1           erhoehen.
      :T    MB   17
      :SPA =M004
```

```
        :
M002  :L     MB   16          wenn mehr als eine Taste
      :L     KF  +1           betaetigt, Programm beenden,
      :>F                     d.h. keinen neuen Dosierungswert
      :BEB                    anzeigen.
        :
      :L     KF  +0           Indexregister fuer den spaeteren
      :T     MW   20          Bearbeite-Merkerwort-Befehl auf
        :                     Null setzen.
M007  :UN    M   15.0         Zahlenwert fuer betaetigte Taste
      :SPB  =M005             ermitteln, z.B. Zahl 4 fuer S4,
      :SPA  =M006             dazu M 15.0 in MW14 testen:
        :
M005  :L     MW   14          * Rechtsschieben MW14, um die
      :SRW        1             naechts Stelle pruefen zu
      :T     MW   14            koennen.
      :L     MW   20          * Indexregister um +1 erhoehen,
      :I          1             MW20 enthaelt am Schluss einen
      :T     MW   20            Zahlenwert entsprechend der
      :SPA  =M007               betaetigten Taste.
        :
M006  :A     DB   10          Aufruf Datenbaustein DB 10.
        :
      :B     MW   20          Laden des zur betaetigten Taste
      :L     DW    0          gehoerenden Datenwortes und
      :T     AW   16          Ausgabe des Dosierungswertes.
      :BE
DB10
      0:        KH = 0000;
      1:        KH = 0100;    Dosierungswert 1 (Taste S1)
      2:        KH = 0200;    Dosierungswert 2 (Taste S2)
      3:        KH = 0300;    Dosierungswert 3 (Taste S3)
      4:        KH = 0400;    Dosierungswert 4 (Taste S4)
      5:        KH = 0500;    Dosierungswert 5 (Taste S5)
      6:
```

## Übung 16.5: Multiplex-Ausgabe

**Struktogramme:**

PB10

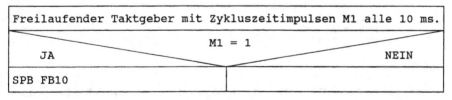

FB10

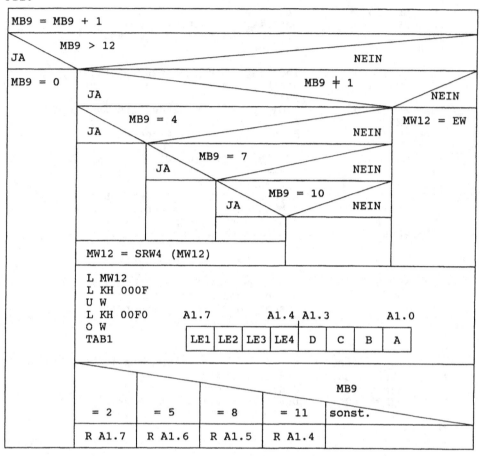

**Realisierung mit einer SPS:**
Zuordnung:

| | | | |
|---|---|---|---|
| EW = EW12 | A  = A 1.0 | M1  = M 1.0 | Zyklusimpuls |
| | B  = A 1.1 | MB9 = MB 9 | Zähler |
| | C  = A 1.2 | MW12 = MW 12 | Schieberegister |
| | D  = A 1.3 | | |
| | LE4 = A 1.4 | | |
| | LE3 = A 1.5 | | |
| | LE2 = A 1.6 | | |
| | LE1 = A 1.7 | | |

**Anweisungsliste:**

Das Hauptprogramm im FB10 wird im 10 ms - Takt durchgearbeitet, unab-
hängig davon, ob sich der anzuzeigende Zahlenwert geändert hat oder
nicht.

```
PB 10                    FB 10
    :UN   M    1.0       NAME :MUX
    :L    KT 001.0           :L    MB   9              :L    MB   9
    :SE   T    1             :I         1              :L    KB 10
    :U    T    1             :T    MB   9              :!=F
    :=    M    1.0           :                         :SPB =M004
    :SPB  FB  10             :L    MB   9              :SPA =M003
NAME :MUX                    :L    KB 12               :
    :BE                     :>F               M004 :L    MW   12
                            :SPB =M001              :SRW      4
                            :                       :T    MW   12
                            :L    MB   9              :
                            :L    KB  1       M003 :L    MW   12
                            :><F                    :L    KH 000F
                            :SPB =M002              :UW
                            :                       :L    KH 00F0
                            :L    EW  12             :OW
                            :T    MW  12             :T    AB   1
                            :SPA =M003              :
                            :                       :L    MB   9
                     M001 :L    KB  0               :L    KB  2
                            :T    MB   9              :!=F
                            :BEA                     :R    A    1.7
                            :                       :
                     M002 :L    MB   9               :L    MB   9
                            :L    KB  4               :L    KB  5
                            :!=F                     :!=F
                            :SPB =M004               :R    A    1.6
                            :                       :
                            :L    MB   9               :L    MB   9
                            :L    KB  7               :L    KB  8
                            :!=F                     :!=F
                            :SPB =M004               :R    A    1.5
                            :                       :
                                                     :L    MB   9
                                                     :L    KB 11
                                                     :!=F
                                                     :R    A    1.4
                                                     :BE
```

## Übung 16.6: Analyse einer Anweisungsliste

**Struktogramm**

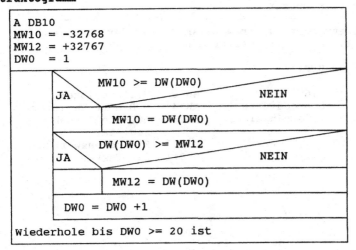

Aufgabenstellung:
Aus dem Datenbereich DW1 bis DW20 des Datenbausteins DB10 ist die
größte und die kleinste Zahl zu bestimmen und den Merkerworten MW10
bzw. MW12 zuzuweisen. Die Zahlen im Datenbereich liegen als Festpunktzahlen vor.

### Übung 16.7: Dual-BCD-Code-Wandler

**Struktogramme:**

PB1

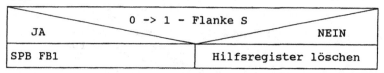

FB1

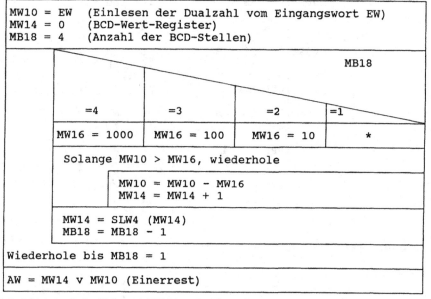

\* Dieser Schritt entfällt, dafür wird am Schluß der Einerrest
  direkt in die 1. BCD-Stelle übertragen.

**Realisierung mit einer SPS:**
Zuordnung:

| | | | |
|---|---|---|---|
| S  = E 14.0 | AW = AW16 | MW10 | Hilfsregister |
| EW = EW0 | (BCD-codierte | MW14 | BCD-Wert-Register |
| | Ziffernanzeige) | MB18 | BCD-Stellenzahl- |
| | | | Register |
| | | M 0.0 | Flankenauswertung |
| | | M 0.1 | für Taster S |

**Anweisungsliste:**

PB 1

```
      :U    E    14.0        Nach Einstellen der Dual-
      :UN   M    0.1         zahl an Eingangswort EW0
      :=    M    0.0         kann die Umwandlungs-Freigabe
      :S    M    0.1         mit Taster S (E 14.0) gegeben
      :UN   E    14.0        werden. Ueber Flankenauswert-
      :R    M    0.1         ung von E 14.0 wird ein
      :                      Umwandlungsvorgang Dual==>BCD
      :U    M    0.0         im FB1 ausgefuehrt.
      :SPB  FB   1
NAME :DUAL-BCD
      :
      :U    E    14.0
      :BEB
      :
      :L    KF   +0          Loeschen der Hilfsregister
      :T    MW   10          bei Loslassen von Taster S,
      :T    MW   14          BCD-Anzeigewert bleibt stehen.
      :T    MW   16
      :T    MB   18
      :BE
```

FB 1
NAME :DUAL-BCD

```
      :L    EW    0     M002 :L    KF  +100   M006 :L    MW   14
      :T    MW   10          :T    MW   16          :SLW       4
      :L    KF   +0          :SPA  =M004            :T    MW   14
      :T    MW   14          :                      :L    MB   18
      :L    KF   +4     M003 :L    KF  +10          :L    KF  +1
      :T    MB   18          :T    MW   16          :-F
      :                      :                      :T    MB   18
 M007 :L    MB   18          :                      :
      :L    KF   +4     M004 :L    MW   10          :L    MB   18
      :!=F                   :L    MW   16          :L    KF  +1
      :SPB  =M001            :>F                    :>F
      :                      :SPB  =M005            :SPB  =M007
      :L    MB   18          :SPA  =M006            :
      :L    KF   +3          :                      :L    MW   14
      :!=F             M005 :L    MW   10          :L    MW   10
      :SPB  =M002            :L    MW   16          :OW
      :                      :-F                    :T    AW   16
      :SPA  =M003            :T    MW   10          :BE
      :                      :L    MW   14
 M001 :L    KF +1000         :L    KF  +1
      :T    MW   16          :+F
      :SPA  =M004            :T    MW   14
      :                      :SPA  =M004
                             :
```

---

**Übung 16.8: BCD-Dual-Code-Wandler**

**Struktogramme:**
Lösung 1: Stellenwerte aus Datenbaustein

PB1

| 0 -> 1 - Flanke S | |
|---|---|
| Ja | NEIN |
| SPB FB1 | Hilfsregister löschen |

FB1

```
MW12 = EW   (Einlesen der BCD-Zahl vom Eingangswort EW)
MW10 = 0    (Dual-Wert-Register)
DW0  = 1    (Stellenzähler)
```

|                          M13.0 = 1                          |
| JA                                              NEIN |
| L MW10                |                              |
| B DW0 ⎫              |                              |
| L DW0 ⎬  LDWx        |                              |
| + F                  |                              |
| T MW10               |                              |
| MW12 = SRW1 (MW12)                                  |
| DW0  = DW0 + 1                                      |

Wiederhole bis DW0 > 16

AW = MW10

DB10

| DW0 : n = 1 ... 16 | DW9 : KF =  100 |
| DW1 : KF =      1  | DW10: KF =  200 |
| DW2 : KF =      2  | DW11: KF =  400 |
| DW3 : KF =      4  | DW12: KF =  800 |
| DW4 : KF =      8  | DW13: KF = 1000 |
| DW5 : KF =     10  | DW14: KF = 2000 |
| DW6 : KF =     20  | DW15: KF = 4000 |
| DW7 : KF =     40  | DW16: KF = 8000 |
| DW8 : KF =     80  |                 |

**Realisierung von Lösung 1 mit einer SPS:**
Zuordnung:

```
S  = E 0.0     AW  = AW0     MW10   Dual-Wert-Register
EW = EW12                    MW12   Hilfsregister
     (BCD-codierter          DB10   Datenbaustein
     Zahleneinsteller)       DW0    Stellenzähler
                             DW1
                             bis    Stellenwerte
                             DW16

                             M 0.0 ⎫ Flankenauswertung
                             M 0.1 ⎭ für Taster S
```

**Anweisungsliste:**

```
PB 1
      :U    E     0.0        Nach Einstellen der BCD-
      :UN   M     0.1        Zahl am Zahleneinsteller EW12
      :=    M     0.0        kann die Umwandlungsfreigabe
      :S    M     0.1        mit Taster S (E 0.0) gegeben
      :UN   E     0.0        werden. Ueber Flankenauswert-
      :R    M     0.1        ung von E 0.0 wird ein
      :                      Umwandlungsvorgang BCD==>Dual
      :U    M     0.0        im FB1 ausgefuehrt.
      :SPB  FB    1
NAME :BCD-DUAL
      :
      :U    E     0.0
      :BEB
      :
      :A    DB    10         Loeschen der Hilfsregister
      :L    KF +0            bei Loslassen von Taste S,
      :T    DW    0          Dual-Anzeigewert bleibt stehen.
      :T    MW    10
      :T    MW    12
      :BE
```

```
FB 1                        DB10
NAME :BCD-DUAL               0:     KF = +00000;
      :A    DB    10         1:     KF = +00001;
      :                      2:     KF = +00002;
      :L    EW    12         3:     KF = +00004;
      :T    MW    12         4:     KF = +00008;
      :L    KF +0            5:     KF = +00010;
      :T    MW    10         6:     KF = +00020;
      :L    KF +1            7:     KF = +00040;
      :T    DW    0          8:     KF = +00080;
      :                      9:     KF = +00100;
M003 :U    M     13.0       10:     KF = +00200;
      :SPB  =M001           11:     KF = +00400;
      :SPA  =M002           12:     KF = +00800;
      :                     13:     KF = +01000;
M001 :B    DW    0          14:     KF = +02000;
      :L    DW    0         15:     KF = +04000;
      :L    MW    10        16:     KF = +08000;
      :+F                   17:
      :T    MW    10
      :
M002 :L    MW    12
      :SRW        1
      :T    MW    12
      :
      :L    DW    0
      :I          1
      :T    DW    0
      :
      :L    DW    0
      :L    KF +17
      :<F
      :SPB  =M003
      :
      :L    MW    10
      :T    AW    0
      :BE
```

**Lösung 2: Dekadische Auswertung und Mehrfach-Multiplikation mit 10**

PB2

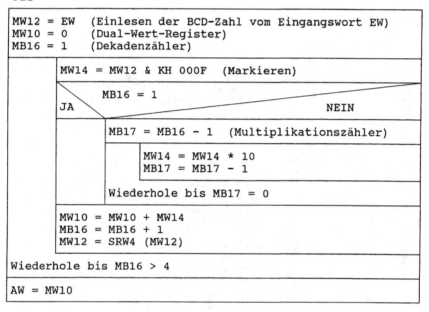

|  | 0 -> 1 - Flanke S | |
| --- | --- | --- |
| Ja | | NEIN |
| SPB FB2 | Hilfsregister löschen | |

FB2

MW12 = EW   (Einlesen der BCD-Zahl vom Eingangswort EW)
MW10 = 0    (Dual-Wert-Register)
MB16 = 1    (Dekadenzähler)

MW14 = MW12 & KH 000F  (Markieren)

MB16 = 1                                                              
JA                                                   NEIN

MB17 = MB16 - 1   (Multiplikationszähler)

MW14 = MW14 * 10
MB17 = MB17 - 1

Wiederhole bis MB17 = 0

MW10 = MW10 + MW14
MB16 = MB16 + 1
MW12 = SRW4 (MW12)

Wiederhole bis MB16 > 4

AW = MW10

**Realisierung von Lösung 2 mit einer SPS:**
Zuordnung:
  S  = E 0.0    AW = AW0    MW10   Dual-Wert-Register
  EW = EW12                    MW12   Schieberegister
      (BCD-codierter         MW14   Hilfsregister
      Zahleneinsteller)    MB16   Dekadenzähler
                              MB17   Multiplikationszähler
                              M 0.0 ⎫ Flankenauswertung
                              M 0.1 ⎭ für Taster S

**Anweisungsliste:**

```
PB 2                    FB 2                    :L    MB   17
    :U    E    0.0      NAME :BCD-DUAL          :L    KF   +1
    :UN   M    0.1          :L    EW   12       :-F
    :=    M    0.0          :T    MW   12       :T    MB   17
    :S    M    0.1          :                   :
    :UN   E    0.0          :L    KF   +0       :L    MB   17
    :R    M    0.1          :T    MW   10       :L    KF   +0
    :                      :                   :>F
    :U    M    0.0          :L    KF   +1       :SPB  =M002
    :SPB  FB   2           :T    MB   16        :
NAME :BCD-DUAL             :              M001 :L    MW   10
    :              M003    :L    MW   12        :L    MW   14
    :U    E    0.0          :L    KH   000F     :+F
    :BEB                   :UW                  :T    MW   10
    :                      :T    MW   14        :
    :L    KF   +0          :                    :L    MB   16
    :T    MW   10          :L    MB   16        :L    KF   +1
    :T    MW   12          :L    KF   +1        :+F
    :T    MW   14          :!=F                 :T    MB   16
    :T    MB   16          :SPB  =M001          :
    :T    MB   17          :                    :L    MW   12
    :BE                    :L    MB   16        :SRW       4
                           :L    KF   +1        :T    MW   12
                           :-F                  :
                           :T    MB   17        :L    MB   16
                           :              :L    KF   +4
                      M002 :L    MW   14        :<=F
                           :SLW       3         :SPB  =M003
                           :L    MW   14        :
                           :+F                  :L    MW   10
                           :L    MW   14        :T    AW    0
                           :+F                  :BE
                           :T    MW   14
                           :
```

## Übung 16.9: Maximumüberwachung einer elektrischen Anlage

Das MAX-Wächter-Programm wird mit Schalter S0 eingeschaltet. Der
Überwachungszyklus beginnt jedoch erst mit dem ersten eintreffenden
Rundsteuerimpuls, der durch Taster S1 simuliert werden kann.
Die Grundstellung und Freigabe des MAX-Wächters ist im Funktions-
baustein FB1 realisiert. Ist der MAX-Wächter freigegeben, wird der
Funktionsbaustein FB2 bearbeitet. Im Funktionsbaustein FB2 läuft ein
Minutengeber und erfolgt das Zählen der den Leistungsbezug repräsen-
tierenden Impulse (S2). Der Minutengeber ruft den Rechenbaustein FB3
auf. Im FB3 erfolgt die Rechnung gemäß Aufgabenstellung.
Bei Ausfall des Rundsteuerimpulses arbeitet der MAX-Wächter unsynchro-
nisiert weiter. Der Minutengeber des Programms wird durch den Rundsteuerimpuls (S1) am Ende der 15-minütigen Meßperiode synchronisiert.

Das Programm läßt sich durch Anzeige der wichtigsten Zahlenwerte mit
"Status variabel" austesten. Die Leistungsbezugsimpulse können durch
Tasterbetätigung (S2) für kleine Leistungsaufnahmen simuliert werden.
Bequemer ist es jedoch, einen externen Taktgeber (Funktionsgenerator
mit 20 V Rechteckimpulsen und ca. 1 Hz) entsprechend einem großen
Leistungsbezug vorzusehen. Die Minutenintervalle sind gerade
ausreichend, um die neuen Zahlenwerte zu interpretieren.

**Struktogramme:**

FB1: Grundstellung

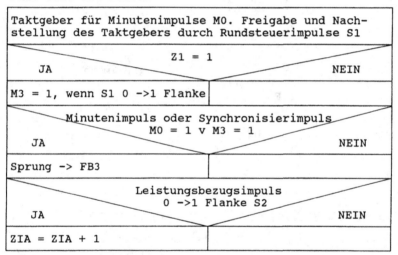

FB2: Takt und Zählen

FB3: Rechenbaustein

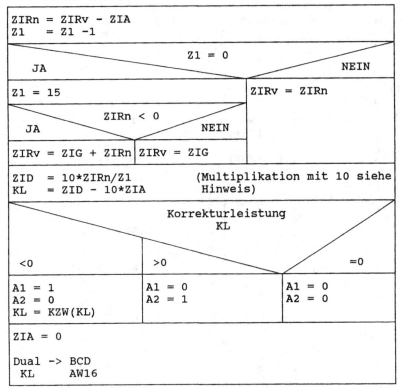

```
ZIRn = ZIRv - ZIA
Z1   = Z1 -1
```

|  | Z1 = 0 |  |
| JA | | NEIN |

| Z1 = 15 | ZIRv = ZIRn |
| | |

|  | ZIRn < 0 |  |
| JA | | NEIN |

| ZIRv = ZIG + ZIRn | ZIRv = ZIG |

```
ZID  = 10*ZIRn/Z1        (Multiplikation mit 10 siehe
KL   = ZID - 10*ZIA        Hinweis)
```

|  | Korrekturleistung KL |  |
| <0 | >0 | =0 |

| A1 = 1 | A1 = 0 | A1 = 0 |
| A2 = 0 | A2 = 1 | A2 = 0 |
| KL = KZW(KL) | | |

```
ZIA = 0

Dual -> BCD
 KL     AW16
```

Hinweis: Korrekturleistung KL laut Aufgabe:

$$KL = \frac{ZID - ZIA}{IMPW * 1min} = \frac{ZID - ZIA}{6\,\frac{1}{kWh} * 1\,\frac{h}{60}} = 10 * ZID - 10 * ZIA \quad (in \; kW)$$

**Realisierung mit einer SPS:**
Zuordnung:

| | | | |
|---|---|---|---|
| S0 = E 0.0 | A0 = A 0.0 | Z1 = MW 8 | Zähler Minutenimpulse |
| S1 = E 0.1 | A1 = A 0.1 | ZIG = MW 10 | Zählimpulse (Gesamt) |
| S2 = E 0.2 | A2 = A 0.2 | ZIA = MW 12 | Zählimpulse (Leistung) |
| | | ZIRv = MW 14 | Zählimpulse (Rest,vorher) |
| | KL = AW 16 | ZIRn = MW 16 | Zählimpulse (Rest,neu) |
| | (BCD-Codierte | ZID = MW 18 | Zählimpulse (Durchschnitt) |
| | Ziffernanzeige) | KL = MW 20 | Korrekturleistung |
| | | | |
| | | M0 = M 0.0 | Minutenimpulse |
| | | M1 = M 0.1 | Freigabemerker |
| | | M2 = M 1.0 | 0 -> 1 Flanke S1 |
| | | | Rundsteuerimpulse |
| | | M3 = M 1.1 | Impulsmerker |
| | | M4 = M 1.2 | 0 -> 1 Flanke S2 |
| | | | Leistungsbezugsimpulse |
| | | M5 = M 1.3 | Impulsmerker |

**Anweisungsliste:**

```
OB 1                          FB 2                       FB 3
      :SPA FB    1      NAME :IMPULSE            NAME :RECHNEN
NAME :GNDSTELL                 :UN  E    0.1            :L   MW   14
      :                        :UN  M    0.0            :L   MW   12
      :BE                      :L   KT 300.1            :-F
                               :SE  T    1             :T   MW   16
FB 1                           :U   T    1             :
NAME :GNDSTELL                 :=   M    0.0            :L   MW    8
      :U   E    0.0            :                        :D         1
      :SPB =M001               :L   MW    8             :T   MW    8
      :                        :L   KF   +1             :
      :R   A    0.0            :!=F                      :L   MW    8
      :R   A    0.1            :SPB =M001               :L   KF   +0
      :R   A    0.2            :SPA =M002               :!=F
      :R   M    0.1            :                         :SPB =M001
      :R   T    1       M001 :U   E    0.1              :
      :L   KF   +0            :UN  M    1.0             :L   MW   16
      :T   AW   16            :=   M    1.1             :T   MW   14
      :                       :S   M    1.0             :SPA =M002
      :BEA                    :UN  E    0.1             :
      :                       :R   M    1.0      M001  :
M001 :                  M002 :                          :L   KF  +15
      :S   A    0.0           :O   M    0.0             :T   MW    8
      :                       :O   M    1.1             :
      :U   E    0.1           :SPB FB    3              :L   MW   16
      :S   M    0.1      NAME :RECHNEN                  :L   KF   +0
      :                       :                         :<F
      :U   M    0.1           :U   E    0.2             :SPB =M003
      :SPB FB    2            :UN  M    1.2             :
NAME :IMPULSE                 :=   M    1.3             :L   MW   10
      :                       :S   M    1.2             :T   MW   14
      :U   M    0.1           :UN  E    0.2             :SPA =M002
      :BEB                    :R   M    1.2             :
      :                       :                  M003 :L   MW   10
      :L   KF   +0            :UN  M    1.3             :L   MW   16
      :T   MW   12            :BEB                      :+F
      :L   KF  +15            :                         :T   MW   14
      :T   MW    8            :L   MW   12       M002 :
      :L   KF +750            :L   KF   +1              :L   MW   16
      :T   MW   10            :+F                       :SLW       3
      :L   MW   10            :T   MW   12              :L   MW   16
      :T   MW   14            :                         :SLW       1
      :                       :BE                       :+F
      :BE                                               :T   MW   16
                                                        :
                                                        :SPA FB 243
                                               NAME :DIV:16
                                               Z1   :    MW   16
                                               Z2   :    MW    8
                                               OV   :    M  100.0
                                               FEH  :    M  100.1
                                               Z3=0 :    M  100.2
                                               Z4=0 :    M  100.3
                                               Z3   :    MW   18
                                               Z4   :    MW  101
                                                        :
                                                        :L   MW   12
                                                        :SLW       3
```

```
      :L    MW   12        :>F               M005 :
      :SLW       1         :SPB =M005             :R    A    0.1
      :+F                  :                      :S    A    0.2
      :T    MW   12        :R    A    0.1         :
      :                    :R    A    0.2    M006 :
      :L    MW   18        :SPA =M006             :L    KF  +0
      :L    MW   12        :                      :T    MW   12
      :-F             M004 :                      :
      :T    MW   20        :S    A    0.1         :SPA FB  241
      :                    :R    A    0.2    NAME :COD:16
      :L    MW   20        :L    MW   20     DUAL :     MW   20
      :L    KF  +0         :KZW              SBCD :     M  100.5
      :<F                  :T    MW   20     BCD2 :     MB 102
      :SPB =M004           :SPA =M006       BCD1 :     AW  16
      :                                          :
                                                 :BE
```

## Übung 17.1: Kellerspeicher LIFO

**Zuordnungstabelle:**

| Eingangsvariable | Betriebsmittel-kennzeichen | Logische Zuordnung |
|---|---|---|
| Taster Einlesen | E1 | betätigt,        E1 = 1 |
| Taster Auslesen | E2 | betätigt,        E2 = 1 |
| Zahleneinsteller | EW | 4 Stellen, BCD-codiert |
| **Ausgangsvariable** | | |
| Meldeleuchten: | | |
| LIFO voll | H1 | Meldeleuchte an, H1 = 1 |
| LIFO leer | H2 | Meldeleuchte an, H2 = 1 |
| Ziffernanzeige | AW | 4 Stellen, BCD-codiert |

**Zustandsgraph:**

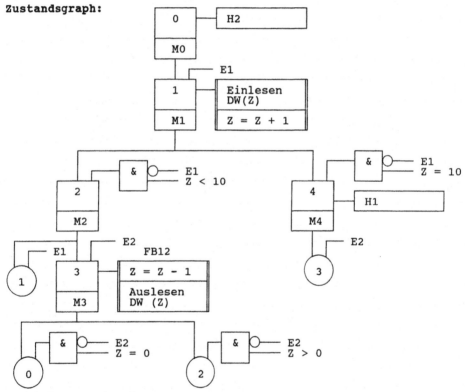

## Realisierung mit einer SPS:

Zuordnung:

| | | |
|---|---|---|
| E1 = E 0.1 | H1 = A 0.1 | M0 = M 20.0   Zustandsmerker |
| E2 = E 0.2 | H2 = A 0.2 | M1 = M 20.1 |
| EW = EW12 | AW = AW16 | M2 = M 20.2 |
| | | M3 = M 20.3 |
| | | M4 = M 20.4 |

Z  = MB10        Datenwortzähler

MW9  =  | 00000000 | MB10 |

```
DB10                        M 100.0  Flankenauswertung
DW0 bis DW10                M 100.1  von Zustand 1
                            M 101.0  Flankenauswertung
                            M 101.1  von Zustand 3
                            M 160.0  Richtimpuls-
                            M 160.1  erzeugung
```

**Anweisungsliste:**            OB 1
                                  :SPA FB   10
                          NAME :ZUSTAND
FB 10                             :BE
NAME :ZUSTAND
```
     :UN  M  160.0   Richtimpuls        :U   M   20.2   Zustand 3:
     :=   M  160.1                      :U   E    0.2   Auslesen
     :U   M  160.1                      :O
     :S   M  160.0                      :U   M   20.4
     :                                  :U   E    0.2
     :O   M  160.1   Zustand 0:         :S   M   20.3
     :O              Grundstellung      :O   M   20.0
     :U   M   20.3                      :O
     :UN  E    0.2                      :U   M   20.2
     :U(                                :UN  E    0.2
     :L   MB   10                       :R   M   20.3
     :L   KF  +0                        :
     :!=F                               :U   M   20.1   Zustand 4:
     :)                                 :UN  E    0.1   Pufferspeicher
     :S   M   20.0                      :U(             voll.
     :U   M   20.1                      :L   MB   10
     :R   M   20.0                      :L   KF  +10
     :                                  :!=F
     :U   M   20.0   Zustand 1:         :)
     :U   E    0.1   Einlesen           :S   M   20.4
     :O                                 :U   M   20.3
     :U   M   20.2                      :R   M   20.4
     :U   E    0.1                      :
     :S   M   20.1                      :A   DB   10    Aufruf DB10
     :U   M   20.2                      :
     :UN  E    0.1                      :U   M   20.1   Flankenauswert-
     :O   M   20.4                      :UN  M  100.0   ung Merker 20.1
     :R   M   20.1                      :=   M  100.1   von Zustand 1.
     :                                  :S   M  100.0
     :U   M   20.1   Zustand 2:         :UN  M   20.1
     :UN  E    0.1   Pufferspeicher     :R   M  100.0
     :U(             zwischen leer      :
     :L   MB   10    und voll.          :U   M  100.1   Einlesen
     :L   KF  +10                       :SPB FB   11
     :<F                          NAME :EINLESEN
     :)                                 :
     :O                                 :U   M   20.3   Flankenauswert-
     :U   M   20.3                      :UN  M  101.0   ung Merker 20.3
     :UN  E    0.2                      :=   M  101.1   von Zustand 3.
     :U(                                :S   M  101.0
     :L   MB   10                       :UN  M   20.3
     :L   KF  +0                        :R   M  101.0
     :>F                                :
     :)                                 :U   M  101.1   Auslesen
     :S   M   20.2                      :SPB FB   12
     :U   M   20.3                NAME :AUSLESEN
     :U   E    0.2                      :
     :O                                 :U   M   20.0   Meldung Speicher
     :U   M   20.1                      :=   A    0.2   leer.
     :U   E    0.1                      :U   M   20.4   Meldung Speicher
     :R   M   20.2                      :=   A    0.1   voll.
     :                                  :BE
```

```
FB 11
NAME :EINLESEN
      :L    EW   12        Zahlenwert vom Zahleneinsteller
      :B    MW    9        einlesen und zu dem Datenwort
      :T    DW    0        transferieren, das durch Index-
      :                    register MW9 adressiert ist.
      :
      :L    MB   10        Nach erfolgtem Einlesen eines
      :I          1        Datenwortes den Datenwortzaehler
      :T    MB   10        um +1 erhoehen.
      :BE

FB 12
NAME :AUSLESEN
      :L    MB   10        Stand des Datenwortzaehlers um 1
      :D          1        vermindern. Damit wird das
      :T    MB   10        Indexregister auf die Adresse
      :                    des letzten beschrieben Daten-
      :                    wortes gesetzt.
      :B    MW    9        Auslesen des Datenwortes, das
      :L    DW    0        durch das Indexregister
      :T    AW   16        adressiert ist und den Zahlen-
      :BE                  wert zur BCD-Anzeige bringen.
```

## Übung 17.2: 12-Bit Schieberegister

### Realisierung mit einer SPS:

Zuordnung:

```
E1 = E 0.1    H1 = A 0.1   M0 = M 20.0   Hilfsmerker:  M 1.0
E2 = E 0.2    H2 = A 0.2   M1 = M 20.1   Zeit:  T1
E3 = E 0.3                 M2 = M 20.2   Richtimpuls:  M 160.0
                           M3 = M 20.3                 M 160.1
                           M4 = M 20.4   12-Bit Schieberegister: MW 10
```

### Anweisungsliste:

```
PB 10
    Richtimpuls      Zustand 3        NAME :SCHIEBE          :U    E    0.3
   :UN  M   160.0   :U   M    20.0    :                     :=    M   11.0
   :=   M   160.1   :U   E     0.2    :U(                   :BEA
   :S   M   160.0   :S   M    20.3    :O    M   20.2
    Zustand 0       :O   M    20.4    :O    M   20.4  M001  :
   :O   M   160.1   :O   M    20.1    :)                    :U    M   11.0
   :O               :R   M    20.3    :U    M    1.0        :=    M    1.0
   :U(               Zustand 4        :=    A    0.1        :
   :O   M    20.2   :U   M    20.3    :                     :L    MW   10
   :O   M    20.4   :UN  E     0.2    :O    M   20.0        :SRW        1
   :)               :S   M    20.4    :O    M   20.1        :T    MW   10
   :U   T     1     :U   M    20.0    :O    M   20.3        :
   :S   M    20.0   :R   M    20.4    :=    A    0.2        :U    E    0.3
   :O   M    20.1    Zeit T1          :BE                   :=    M   10.3
   :O   M    20.3   :O   M    20.2                          :
   :R   M    20.0   :O   M    20.4    FB 10                 :BE
    Zustand 1       :L   KT 050.1     NAME :SCHIEBE
   :U   M    20.0   :SE  T      1     :U    M   20.3
   :U   E     0.1    Sprung ins       :SPB  =M001
   :S   M    20.1    Unterprogramm    :
   :U   M    20.2   :U   M    20.0    :U    M   10.3
   :R   M    20.1   :U(               :=    M    1.0
    Zustand 2       :O   M    20.1    :
   :U   M    20.1   :O   M    20.3    :L    MW   10
   :UN  E     0.1   :)                :SLW        1
   :S   M    20.2   :SPB FB  10       :T    MW   10
   :U   M    20.0                     :
   :R   M    20.2
```

## Übung 17.3: Mischbehälter

Die Steuerungsaufgabe wird in zwei Zustandsgraphen unterteilt:

**Zustandsgraph 1:** Sollwerte eingeben

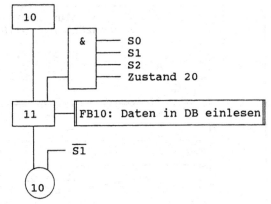

**Unterprogramm FB10:** Sollwert einlesen

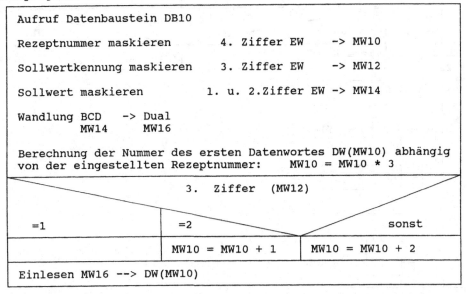

Aufruf Datenbaustein DB10

Rezeptnummer maskieren          4. Ziffer EW      -> MW10

Sollwertkennung maskieren       3. Ziffer EW      -> MW12

Sollwert maskieren              1. u. 2.Ziffer EW -> MW14

Wandlung BCD    -> Dual
        MW14       MW16

Berechnung der Nummer des ersten Datenwortes DW(MW10) abhängig
von der eingestellten Rezeptnummer:     MW10 = MW10 * 3

| 3. Ziffer (MW12) | | |
| --- | --- | --- |
| =1 | =2 | sonst |
| | MW10 = MW10 + 1 | MW10 = MW10 + 2 |
| Einlesen MW16 --> DW(MW10) | | |

**Zustandsgraph 2:** Mischvorgang

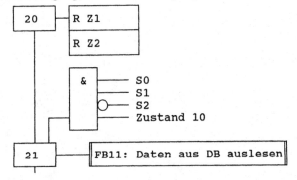

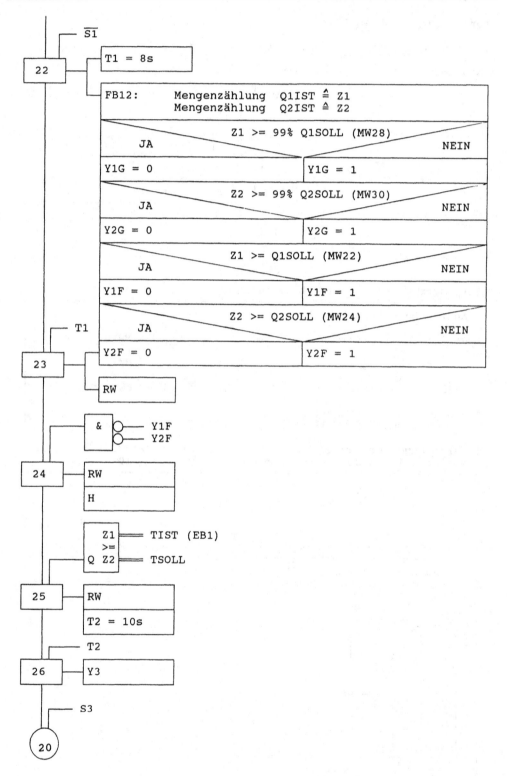

**Unterprogramm FB11:**  Sollwerte auslesen

```
┌─────────────────────────────────────────────────────────────────┐
│  Aufruf Datenbaustein DB10                                        │
│                                                                   │
│  Maskieren der Rezeptnummer und Berechnung des Datenwortes        │
│  für den Sollwert Q1:  (4. Ziffer EW)*3  -> MW18                  │
│                                                                   │
│  Übertragung der Rezeptwerte aus dem Datenwortbereich             │
│  in die Zielmerker:                                               │
│  Q1 -> MW22                                                       │
│  Q2 -> MW24                                                       │
│  Q3 -> MW26                                                       │
├─────────────────────────────────────────────────────────────────┤
│  MW20 = 22                                                        │
│       ┌───────────────────────────────────────────────────────┐  │
│       │  DW(MW18)  -> MW(MW20)                                 │  │
│       │                                                       │  │
│       │  MW18 = MW18 + 1                                      │  │
│       │                                                       │  │
│       │  MW20 = MW20 + 2                                      │  │
│       └───────────────────────────────────────────────────────┘  │
│  Wiederhole bis MW20 = 28                                         │
├─────────────────────────────────────────────────────────────────┤
│  Multiplikation von Q1 und Q2 mit 10 (1% des Behältervolumens     │
│  entpricht 10 Impulsen)                                           │
│     Q1SOLL:     MW22 = MW22*10                                    │
│     Q2SOLL:     MW24 = MW24*10                                    │
│                                                                   │
│  Bestimmung der Sollwertvorgaben für die Grobeinlaßventile        │
│  Y1G und Y2G                                                      │
│     99% Q1SOLL:  MW28 = MW22 - 10                                 │
│     99% Q2SOLL:  MW30 = MW24 - 10                                 │
└─────────────────────────────────────────────────────────────────┘
```

Die Umsetzung der beiden Zustandsgraphen in ein Steuerungsprogramm erfolgt nach den in Kapitel 8 beschriebenen Regeln. Beim Zustandsgraph 2
"Mischvorgang" wird in Zustand 22 und Zustand 23 stets das im Struktogramm angegebene Unterprogramm bearbeitet. Dieses Unterprogramm ist im
Funktionsbaustein FB12 realisiert.

**Realisierung mit einer SPS:**
    PB10: Zustandsgraph 1
    PB11: Zustandsgraph 2
    FB10: Unterprogramm Sollwert einlesen
    FB11: Unterprogramm Sollwert auslesen
    FB12: Mengenzählung Q1IST, Q2IST und Ansteuerung der Ventile

Zuordnung:

| | | | |
|---|---|---|---|
| S0   = E 0.0 | Y1G = A 0.0 | M10 = M 80.0 | Richtimpuls: M 160.1 |
| S1   = E 0.1 | Y2G = A 0.1 | M11 = M 80.1 | Hilfsmerker: M 160.0 |
| S2   = E 0.2 | Y1F = A 0.2 | M12 = M 80.2 | M  81.0 |
| S3   = E 0.3 | Y2F = A 0.3 | M20 = M 90.0 | M  81.1 |
| QZ1  = E 0.4 | Y3  = A 0.4 | M21 = M 90.1 | |
| QZ2  = E 0.5 | RW  = A 0.5 | M22 = M 90.2 | Merkerregister: |
| TIST = EB 1  | H   = A 0.6 | M23 = M 90.3 | MW10, MW12, MW14, MW16, |
| EW   = EW 12 | | M24 = M 90.4 | MW18, MW20 |
| | | M25 = M 90.5 | Q1SOLL     = MW 22 |
| | | M26 = M 90.6 | Q2SOLL     = MW 24 |
| | | | TSOLL      = MW 26 |
| | | | 99%Q1SOll  = MW 28 |
| | | | 99%Q2SOll  = MW 30 |

Zähler: Z1 = Q1IST
        Z2 = Q2IST
Zeiten: T1,T2

**Anweisungsliste:**

```
OB 1
      :SPA PB   10
      :SPA PB   11
      :
      :BE

PB 10
      Richtimpuls
      :UN  M  160.0
      :=   M  160.1
      :S   M  160.0
      Zustand 10
      :O   M  160.1
      :O
      :U   M   80.1
      :UN  E    0.1
      :S   M   80.0
      :U   M   80.1
      :U   E    0.1
      :R   M   80.0
      Zustand 11
      :U   M   80.0
      :U   E    0.0
      :U   E    0.1
      :U   E    0.2
      :U   M   90.0
      :S   M   80.1
      :U   M   80.0
      :UN  E    0.1
      :R   M   80.1
      Sprung in FB10
      :U   M   80.1
      :UN  M   81.0
      :=   M   81.1
      :U   M   81.1
      :S   M   81.0
      :UN  M   80.1
      :R   M   81.0
      :U   M   81.1
      :SPB FB   10
NAME :EINLESEN
      :BE

PB 11
      Zustand 20
      :O   M  160.1
      :O
      :U   E    0.3
      :U   M   90.6
      :S   M   90.0
      :U   M   90.1
      :R   M   90.0
      Zustand 21
      :U   M   90.0
      :U   E    0.0
      :U   E    0.1
      :UN  E    0.2
      :U   M   80.0
      :S   M   90.1
      :U   M   90.2
      :R   M   90.1
```

```
      Zustand 22
      :U   M   90.1
      :UN  E    0.1
      :S   M   90.2
      :U   M   90.3
      :R   M   90.2
      Zustand 23
      :U   M   90.2
      :U   T    1
      :S   M   90.3
      :U   M   90.4
      :R   M   90.3
      Zustand 24
      :U   M   90.3
      :UN  A    0.2
      :UN  A    0.3
      :S   M   90.4
      :U   M   90.5
      :R   M   90.4
      Zustand 25
      :U   M   90.4
      :U(
      :L   EB    1
      :L   MW   26
      :>=F
      :)
      :S   M   90.5
      :U   M   90.6
      :R   M   90.5
      Zustand 26
      :U   M   90.5
      :U   T    2
      :S   M   90.6
      :U   M   90.0
      :R   M   90.6
      Ruecksetzen Z1,Z2
      :U   M   90.0
      :R   Z    1
      :R   Z    2
      Sprung in FB11
      :U   M   90.0
      :U   M   90.1
      :SPB FB   11
NAME :AUSLESEN
      Sprung in FB12
      :O   M   90.2
      :O   M   90.3
      :SPB FB   12
NAME :VENTILE
      Zeiten
      :U   M   90.2
      :L   KT 080.1
      :SE  T    1
      :
      :U   M   90.5
      :L   KT 100.1
      :SE  T    2
```

```
      Ausgabezuweisungen
      :U   M   90.6
      :=   A    0.4
      :O   M   90.3
      :O   M   90.4
      :O   M   90.5
      :=   A    0.5
      :U   M   90.4
      :=   A    0.6
      :BE

FB 10
NAME :EINLESEN
      :A   DB   10
      :L   EW   12
      :SRW      12
      :T   MW   10
      :L   EW   12
      :L   KH 0F00
      :UW
      :SRW       8
      :T   MW   12
      :L   EW   12
      :L   KH 00FF
      :UW
      :T   MW   14
      :SPA FB  240
NAME :COD:B4
BCD  :    MW   14
SBCD :    M  100.0
DUAL :    MW   16
      :
      :L   MW   10
      :SLW       1
      :L   MW   10
      :+F
      :T   MW   10
      :
      :L   MW   12
      :L   KF  +1
      :!=F
      :SPB =M001
      :L   MW   12
      :L   KF  +2
      :!=F
      :SPB =M002
      :L   MW   10
      :I         2
      :T   MW   10
      :SPA =M001
M002 :L   MW   10
      :I         1
      :T   MW   10
      :
M001 :L   MW   16
      :B   MW   10
      :T   DW    0
      :
      :BE
```

```
FB 11                        :L    MW   24        DB10
NAME :AUSLESEN               :L    KF  +10        0:       KF = +00000;
         :A   DB   10        :-F                  1:       KF = +00000;
         :L   EW   12        :T    MW   30        2:       KF = +00000;
         :SRW      12        :                    3:       KF = +00000;
         :T   MW   18        :BE                  4:       KF = +00000;
         :                                        5:       KF = +00000;
         :SLW       1    FB 12                     6:       KF = +00000;
         :L   MW   18    NAME :VENTILE             7:       KF = +00000;
         :+F                  :U    E    0.4       8:       KF = +00000;
         :T   MW   18        :ZV   Z    1          9:       KF = +00000;
         :L   KF  +22        :U    E    0.5      10:       KF = +00000;
         :T   MW   20        :ZV   Z    2         11:       KF = +00000;
         :                   :                    12:       KF = +00000;
M001 :B   MW   18            :L    Z    1         13:       KF = +00000;
         :L   DW    0        :L    MW   28        14:       KF = +00000;
         :B   MW   20        :>=F                  15:       KF = +00000;
         :T   MW    0        :SPB  =M001          16:       KF = +00000;
         :                   :S    A    0.0       17:       KF = +00000;
         :L   MW   18        :SPA  =M002          18:       KF = +00000;
         :I         1    M001 :                   19:       KF = +00000;
         :T   MW   18        :R    A    0.0       20:       KF = +00000;
         :               M002 :                   21:       KF = +00000;
         :L   MW   20        :L    Z    2         22:       KF = +00000;
         :I         2        :L    MW   30        23:       KF = +00000;
         :T   MW   20        :>=F                  24:       KF = +00000;
         :                   :SPB  =M003          25:       KF = +00000;
         :L   MW   20        :S    A    0.1       26:       KF = +00000;
         :L   KF  +28        :SPA  =M004          27:       KF = +00000;
         :<F             M003 :                   28:       KF = +00000;
         :SPB =M001          :R    A    0.1       29:       KF = +00000;
         :               M004 :                   30:
         :L   MW   22        :L    Z    1
         :SLW       1        :L    MW   22
         :L   MW   22        :>=F
         :SLW       3        :SPB  =M005
         :+F                 :S    A    0.2
         :T   MW   22        :SPA  =M006
         :               M005 :
         :L   MW   24        :R    A    0.2
         :SLW       1    M006 :
         :L   MW   24        :L    Z    2
         :SLW       3        :L    MW   24
         :+F                 :>=F
         :T   MW   24        :SPB  =M007
         :                   :S    A    0.3
         :L   MW   22        :BEA
         :L   KF  +10    M007 :
         :-F                 :R    A    0.3
         :T   MW   28        :BE
         :
```

## Übung 17.4: Analyse einer AWL

**Eingangscodierung:**

| E0.2 | E0.1 | Bezeichnung |
|------|------|-------------|
| 0 | 0 | B0 |
| 0 | 1 | B1 |
| 1 | 0 | B2 |
| 1 | 1 | B3 |

**Zustandsdiagramm:**

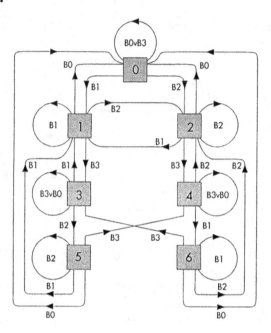

## Übung 17.5: Steuerung für Regenwasserpumpen

**Zuordnungstabelle**

| Eingangsvariable | Betriebsmittel-kennzeichen | Logische Zuordnung | |
|---|---|---|---|
| unterer Niveau-Geber | S1 | betätigt | S1 = 1 |
| mittlerer Niveau-Geber | S2 | betätigt | S2 = 1 |
| oberer Niveau-Geber | S3 | betätigt | S3 = 1 |
| Ausgangsvariable | | | |
| Pumpe 1 | P1 | Pumpe 1 läuft | P1 = 1 |
| Pumpe 2 | P2 | Pumpe 2 läuft | P2 = 1 |
| Pumpe 3 | P3 | Pumpe 3 läuft | P3 = 1 |
| Pumpe 4 | P4 | Pumpe 4 läuft | P4 = 1 |

Bei der Lösung der Steuerungsaufgabe wird davon ausgegangen, daß nach dem Signalwechsel eines Niveau-Gebers auf jeden Fall die Reaktionszeit abgewartet wird, bevor der nächste Niveau-Geber seinen Signalzustand ändert.

**Strukturierung in Teilschaltwerke**

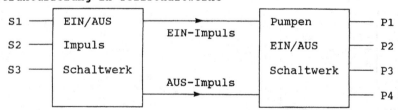

**Zustandsdiagramm des EIN/AUS-Impuls-Schaltwerkes**
Weiterschaltbedingungen:
  B1 = 0 -> 1 Flanke von S1 v S2 v S3
  B2 = 1 -> 0 Flanke von S1 v S2 v S3
  T1    Zeitglied T1 ist abgelaufen
  T2    Zeitglied T2 ist abgelaufen

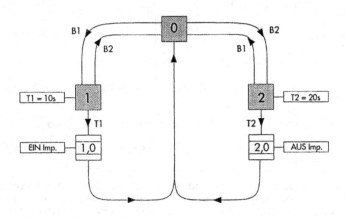

**Funktionsplan des EIN/AUS-Impuls-Schaltwerkes**

Signalvorverarbeitung:
Der Funktionsplan der positiven und negativen Flankenauswertung der
Niveau-Geber ist nicht dargestellt.

B1: 0-1 Flanke (S1, S2, S3)            B2: 1-0 Flanke (S1, S2, S3)

```
0-1 Fl.S1 ——|>=1|                      1-0 Fl.S1 ——|>=1|
0-1 Fl.S2 ——|   |                      1-0 Fl.S2 ——|   |
0-1 Fl.S3 ——|   |—— B1                 1-0 Fl.S3 ——|   |—— B2
```

Zustand 1

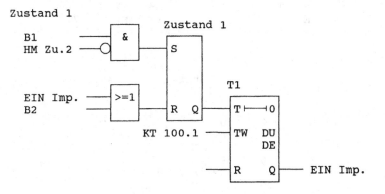

Zustand 2

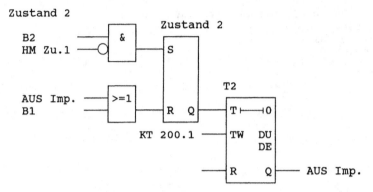

Zustand 2

B2 ———
HM Zu.1 ———○ &  ———  S

AUS Imp. ———
B1 ——— >=1  ———  R  Q  ———

KT 200.1 ———

T2

T ⊢ 0

TW  DU
    DE

R  Q  ———  AUS Imp.

Hilfsmerker Zustand 1                    Hilfsmerker Zustand 2

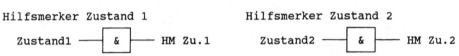

Zustand1 ——— & ——— HM Zu.1              Zustand2 ——— & ——— HM Zu.2

Die beiden Hilfsmerker HM Zu.1 und HM Zu.2 sind erforderlich, damit
beim Übergang von Zustand 1 -> 0 bzw. 2 -> 0  mit der Weiterschalt-
bedingung B2 bzw. B1 der Zustand 2 bzw. Zustand 1 nicht gesetzt werden
kann.

**Pumpen-EIN/AUS-Schaltwerk**
Das Pumpen-EIN/AUS-Schaltwerk kann aus dem im Lehr- und Arbeitsbuch auf
der Seite 380 dargestellten Beispiel Pumpensteuerung unverändert
übernommen werden.

**Realisierung mit einer SPS:**
Zuordnung:

| | | | |
|---|---|---|---|
| S1 = E 0.1 | P1 = A 0.1 | Flankenmerker: | B1      = M 4.1 |
| S2 = E 0.2 | P2 = A 0.2 | M 1.0   M 1.1 | B2      = M 4.2 |
| S3 = E 0.3 | P3 = A 0.3 | M 1.2   M 1.3 | Zustand 1 = M 6.1 |
| | P4 = A 0.4 | M 2.0   M 2.1 | Zustand 2 = M 6.2 |
| | | M 2.2   M 2.3 | HM Zu.1 = M 6.5 |
| | | M 3.0   M 3.1 | HM Zu.2 = M 6.6 |
| | | M 3.2   M 3.3 | EIN Imp. = M 7.1 |
| | | | AUS Imp. = M 7.2 |

Zeiten: T1, T2
Zähler: Z1, Z2
Zählregister: MB10, MB11

**Anweisungsliste:**

Flankenauswertungen

| | | | | | | | | | |
|---|---|---|---|---|---|---|---|---|---|
| | | | :UN | M 2.0 | :U | M 3.1 | :O | M 2.3 |
| :U | E 0.1 | | := | M 2.1 | :S | M 3.0 | :O | M 3.3 |
| :UN | M 1.0 | | :U | M 2.1 | :UN | E 0.3 | := | M 4.2 |
| := | M 1.1 | | :S | M 2.0 | :R | M 3.0 | | |
| :U | M 1.1 | | :UN | E 0.2 | :UN | E 0.3 | | |
| :S | M 1.0 | | :R | M 2.0 | :U | M 3.2 | | |
| :UN | E 0.1 | | :UN | E 0.2 | := | M 3.3 | | |
| :R | M 1.0 | | :U | M 2.2 | :U | M 3.3 | | |
| :UN | E 0.1 | | := | M 2.3 | :R | M 3.2 | | |
| :U | M 1.2 | | :U | M 2.3 | :U | E 0.3 | | |
| := | M 1.3 | | :R | M 2.2 | :S | M 3.2 | | |
| :U | M 1.3 | | :U | E 0.2 | :O | M 1.1 | | |
| :R | M 1.2 | | :S | M 2.2 | :O | M 2.1 | | |
| :U | E 0.1 | | :U | E 0.3 | :O | M 3.1 | | |
| :S | M 1.2 | | :UN | M 3.0 | := | M 4.1 | | |
| :U | E 0.2 | | := | M 3.1 | :O | M 1.3 | | |

```
EIN/AUS Impuls      Pumpen EIN/AUS        :U    M    7.2
Schaltwerk          Schaltwerk            :UN   M   11.0
:U    M    4.1      :U    M    7.1        :U    M   11.1
:UN   M    6.6      :ZV   Z    1          :R    A    0.2
:S    M    6.1      :U    M   10.2        :U    M    7.1
:O    M    7.1      :R    Z    1          :U    M   10.0
:O    M    4.2      :L    Z    1          :U    M   10.1
:R    M    6.1      :T    MB  10          :S    A    0.3
:U    M    6.1      :U    M    7.2        :U    M    7.2
:L    KT 030.1      :ZV   Z    2          :U    M   11.0
:SE   T    1        :U    M   11.2        :U    M   11.1
:U    T    1        :R    Z    2          :R    A    0.3
:=    M    7.1      :L    Z    2          :U    M    7.1
:U    M    4.2      :T    MB  11          :UN   M   10.0
:UN   M    6.5      :U    M    7.1        :UN   M   10.1
:S    M    6.2      :U    M   10.0        :S    A    0.4
:O    M    7.2      :UN   M   10.1        :U    M    7.2
:O    M    4.1      :S    A    0.1        :UN   M   11.0
:R    M    6.2      :U    M    7.2        :UN   M   11.1
:U    M    6.2      :U    M   11.0        :R    A    0.4
:L    KT 050.1      :UN   M   11.1        :BE
:SE   T    2        :R    A    0.1
:U    T    2        :U    M    7.1
:=    M    7.2      :UN   M   10.0
:U    M    6.1      :U    M   10.1
:=    M    6.5      :S    A    0.2
:U    M    6.2
:=    M    6.6
```

## Übung 17.6: Erweiterung der Pumpensteuerung

### Zuordnungstabelle

| Eingangsvariable | Betriebsmittel-kennzeichen | Logische Zuordnung | |
|---|---|---|---|
| Druckmesser mit zwei Signalgebern | E1,E2 | Druck zu groß   E1 = 1<br>Druck zu klein   E2 = 1 | |
| Ausgangsvariable | | | |
| Pumpe 1 einfache Leistung | P1 | Pumpe 1 läuft | P1 = 1 |
| Pumpe 2 einfache Leistung | P2 | Pumpe 2 läuft | P2 = 1 |
| Pumpe 3 einfache Leistung | P3 | Pumpe 3 läuft | P3 = 1 |
| Pumpe 4 einfache Leistung | P4 | Pumpe 4 läuft | P4 = 1 |
| Pumpe 5 doppelte Leistung | P5 | Pumpe 5 läuft | P5 = 1 |
| Pumpe 6 doppelte Leistung | P6 | Pumpe 6 läuft | P6 = 1 |

### Strukturierung in Teilschaltwerke

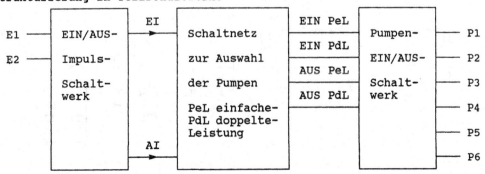

## 1. EIN/AUS-Impuls-Schaltwerk
Zustandsdiagramm:

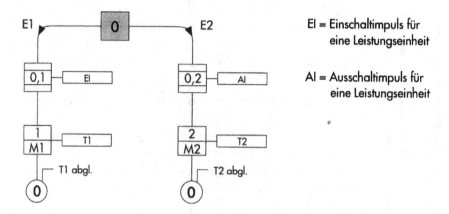

EI = Einschaltimpuls für
    eine Leistungseinheit

AI = Ausschaltimpuls für
    eine Leistungseinheit

**Funktionsplan:**
Bei der Umsetzung des Zustandsdiagramms in einen Funktionsplan wird
gegenüber der im Beispiel dargestellten Umsetzung lediglich die
Verriegelung der Impulse, wenn alle Pumpen ein- bzw. ausgeschaltet
sind, geändert. Im Schaltnetz für die Auswahl, ob eine Pumpe mit
einfacher oder doppelter Leistung ein- bzw. ausgeschaltet werden muß,
wird ein Zähler Z3 verwendet, der die Gesamtzahl der eingeschalteten
Pumpen angibt. Ist der Zählerstand dieses Zählers gleich "8" bzw.
gleich "0", dürfen vom EIN/AUS-Schaltwerk keine weiteren Impulse EI und
AI mehr ausgegeben werden.

**Funktionsplan für den Einschaltimpuls EI**

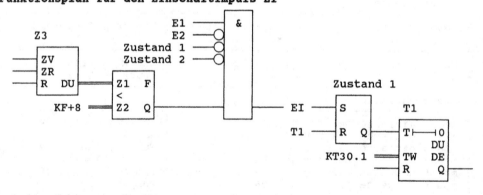

**Funktionsplan für den Abschaltimpuls AI**

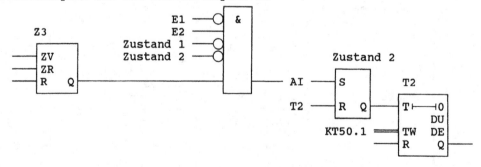

## 2. Schaltnetz zur Auswahl der Pumpen

Zur Ermittlung wieviele Pumpen mit einfacher Leistung und wieviele Pumpen mit doppelter Leistung eingeschaltet sein müssen, wird ein Zähler Z3 verwendet, der mit dem Einschaltimpuls EI aufwärts gezählt und mit dem Ausschaltimpuls AI abwärts gezählt wird.

Tabelle zur Ermittlung der Anzahl der eingeschalteten Pumpen:

| Zählerstand Z3<br>EI: ZV<br>AI: ZR | Anzahl der einge-<br>schalteten Pumpen<br>einfache Leistung | Anzahl der einge-<br>schalteten Pumpen<br>doppelte Leistung |
|---|---|---|
| 0 | 0 | 0 |
| 1 | 1 | 0 |
| 2 | 0 | 1 |
| 3 | 1 | 1 |
| 4 | 0 | 2 |
| 5 | 1 | 2 |
| 6 | 2 | 2 |
| 7 | 3 | 2 |
| 8 | 4 | 2 |

Aus der Tabelle kann die Zuordnung für die Einschalt- und Ausschaltimpulse für die verschiedenen Pumpen gewonnen werden.

Einschaltimpuls für die Pumpen mit einfacher Leistung:
EIN PeL = EI & (Z3 = 0 v 2 v 4 v 5 v 6 v 7) v AI & (Z3 = 4 v 2)

Einschaltimpuls für die Pumpen mit doppelter Leistung:
EIN PdL = EI & (Z3 = 1 v 3)

Ausschaltimpuls für die Pumpen mit einfacher Leistung:
AUS PeL = AI & (Z3 = 1 v 3 v  5 v 6 v 7 v 8) v EI & (Z3 = 1 v 3)

Ausschaltimpuls für die Pumpen mit doppelter Leistung:
AUS PdL = AI & (Z3 = 2 v 4)

**Funktionsplan:**
Zur Auswertung des Zählerstandes Z3 wird der Dualwert des Zählers dem Merkerbyte MB8 zugewiesen. Nach entsprechender Minimierung lassen sich dann die verschiedenen Zählerstände durch Abfrage der Merkerbit M 8.0, M 8.1, M 8.2 und M 8.3 den EIN- und AUS-Impulsen zuweisen.

Zum Beispiel: Minimierung für EIN PeL:
  EI & (Z3 = 0 v 2 v 4 v 5 v 6 v 7)        AI & (Z3 = 4 v 2)

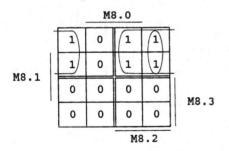

EIN PeL = ($\overline{M8.0}$ $\overline{M8.3}$ v M8.2 $\overline{M8.3}$) & EI

v ($\overline{M8.0}$ M8.1 $\overline{M8.2}$ $\overline{M8.3}$ v $\overline{M8.0}$ $\overline{M8.1}$ M8.2 $\overline{M8.3}$) & AI

Einschaltimpuls für die Pumpen mit einfacher Leistung:
   Minimierung der
   folgenden
   Zählerstände

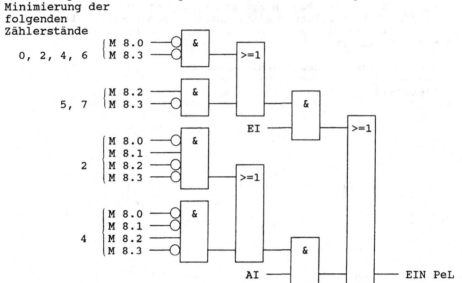

Einschaltimpuls für die Pumpen mit doppelter Leistung:

(siehe auch
Programmteil
AUS PeL)

Ausschaltimpuls für die Pumpen mit einfacher Leistung:

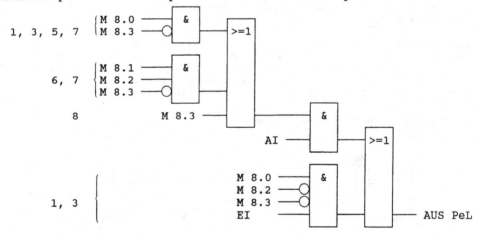

Ausschaltimpuls für die Pumpen mit doppelter Leistung:

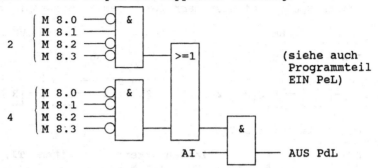

(siehe auch
Programmteil
EIN PeL)

### 3. Pumpen-EIN/AUS-Schaltwerk

Für die Pumpen P1 bis P4 mit einfacher Leistung können die Zustandsdiagramme des Beispiels Pumpensteuerung, sowie deren Umsetzung
übernommen werden (siehe Seite 383f).
Für die Pumpen P5 und P6 ist ein neues Zustandsdiagramm zu entwerfen
und umzusetzen.

Zustandsdiagramm für das Einschalten der Pumpen mit doppelter Leistung:

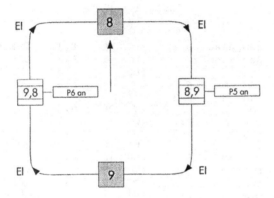

Zustandsdiagramm für das Ausschalten der Pumpen mit doppelter Leistung:

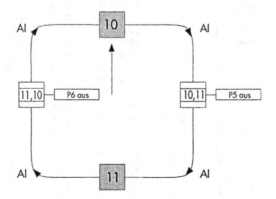

Die Umsetzung der beiden Zustandsdiagramme erfolgt durch Verwendung
jeweils eines Speichergliedes nach folgendem Funktionsplan:

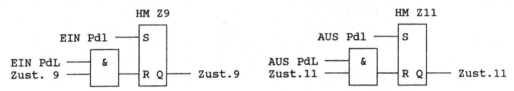

**Realisierung mit einer SPS:**
Zuordnung:

| | | | |
|---|---|---|---|
| E1 = E 0.1 | P1 = A 0.1 | Flankenmerker: | Zeiten: T1, T2 |
| E2 = E 0.2 | P2 = A 0.2 | Zust. 1 = M 5.1 | |
| | P3 = A 0.3 | Zust. 2 = M 5.2 | Zähler: Z1, Z2, Z3 |
| | P4 = A 0.4 | EI = M 6.1 | |
| | P5 = A 0.5 | AI = M 6.2 | Zählregister |
| | P6 = A 0.6 | EIN PeL = M 7.1 | MB8, MB10, MB11 |
| | | EIN PdL = M 7.2 | |
| | | AUS PeL = M 7.3 | |
| | | AUS PdL = M 7.4 | |
| | | HM Z9 = M 9.1 | |
| | | Zust. 9 = M 9.2 | |
| | | HM Z11 = M 9.3 | |
| | | Zust.11 = M 9.4 | |

**Anweisungsliste:**

| EIN/AUS-Impuls Schaltwerk | Pumpenauswahl Schaltnetz | | | | | Pumpen EIN/AUS Schaltwerk | | |
|---|---|---|---|---|---|---|---|---|
| :U  E   0.1 | :U( | | :U  M   8.1 | | | :U  M   7.1 | | |
| :UN E   0.2 | :UN M  8.0 | | :U  M   8.2 | | | :ZV Z   1 | | |
| :UN M  5.1 | :UN M  8.3 | | :UN M  8.3 | | | :U  M  10.2 | | |
| :UN M  5.2 | :O | | :O  M   8.3 | | | :R  Z   1 | | |
| :U( | :U  M   8.2 | | :) | | | :L  Z   1 | | |
| :L  Z   3 | :UN M  8.3 | | :U  M   6.2 | | | :T  MB 10 | | |
| :L  KF +8 | :) | | :O | | | :U  M   7.3 | | |
| :<F | :U  M   6.1 | | :U  M   8.0 | | | :ZV Z   2 | | |
| :) | :O | | :UN M  8.2 | | | :U  M  11.2 | | |
| := M  6.1 | :U( | | :UN M  8.3 | | | :R  Z   2 | | |
| :U  M  6.1 | :UN M  8.0 | | :U  M   6.1 | | | :L  Z   2 | | |
| :S  M  5.1 | :U  M   8.1 | | := M  7.3 | | | :T  MB 11 | | |
| :U  T   1 | :UN M  8.2 | | :U( | | | :U  M   7.1 | | |
| :R  M  5.1 | :UN M  8.3 | | :UN M  8.0 | | | :U  M  10.0 | | |
| :U  M  5.1 | :O | | :U  M   8.1 | | | :UN M  10.1 | | |
| :L  KT 030.1 | :UN M  8.0 | | :UN M  8.2 | | | :S  A   0.1 | | |
| :SE T   1 | :UN M  8.1 | | :UN M  8.3 | | | :U  M   7.3 | | |
| :UN E   0.1 | :U  M   8.2 | | :O | | | :U  M  11.0 | | |
| :U  E   0.2 | :UN M  8.3 | | :UN M  8.0 | | | :UN M  11.1 | | |
| :UN M  5.1 | :) | | :UN M  8.1 | | | :R  A   0.1 | | |
| :UN M  5.2 | :U  M   6.2 | | :U  M   8.2 | | | :U  M   7.1 | | |
| :U  Z   3 | := M  7.1 | | :UN M  8.3 | | | :UN M  10.0 | | |
| := M  6.2 | :U  M   8.0 | | :) | | | :U  M  10.1 | | |
| :U  M  6.2 | :UN M  8.2 | | :U  M   6.2 | | | :S  A   0.2 | | |
| :S  M  5.2 | :UN M  8.3 | | := M  7.4 | | | :U  M   7.3 | | |
| :U  T   2 | :U  M   6.1 | | :U  M   6.1 | | | :UN M  11.0 | | |
| :R  M  5.2 | := M  7.2 | | :ZV Z   3 | | | :U  M  11.1 | | |
| :U  M  5.2 | :U( | | :U  M   6.2 | | | :R  A   0.2 | | |
| :L  KT 050.1 | :U  M   8.0 | | :ZR Z   3 | | | :U  M   7.1 | | |
| :SE T   2 | :UN M  8.3 | | :L  Z   3 | | | :U  M  10.0 | | |
| | :O | | :T  MB 8 | | | :U  M  10.1 | | |
| | | | | | | :S  A   0.3 | | |

```
:U    M    7.3      :U    M    7.3      :U    M    7.4      :U    M    7.2
:U    M   11.0      :UN   M   11.0      :S    M    9.3      :U    M    9.2
:U    M   11.1      :UN   M   11.1      :U    M    7.4      :S    A    0.5
:R    A    0.3      :R    A    0.4      :U    M    9.4      :U    M    7.4
:U    M    7.1      :U    M    7.2      :R    M    9.3      :U    M    9.4
:UN   M   10.0      :S    M    9.1      :U    M    9.3      :R    A    0.5
:UN   M   10.1      :U    M    7.2      :=    M    9.4      :U    M    7.2
:S    A    0.4      :U    M    9.2                          :UN   M    9.2
                    :R    M    9.1                          :S    A    0.6
                    :U    M    9.1                          :U    M    7.4
                    :=    M    9.2                          :UN   M    9.4
                                                            :R    A    0.6
                                                            :BE
```

## Übung 18.1: 7-Segmentanzeige

**Funktionstabelle:**

| Dual-Nr. | E4 | E3 | E2 | E1 | A7 | A6 | A5 | A4 | A3 | A2 | A1 | Dualwert der Ausgangskombin. |
|---|---|---|---|---|---|---|---|---|---|---|---|---|
| 0  | 0 | 0 | 0 | 0 | 0 | 1 | 1 | 1 | 1 | 1 | 1 | 63  |
| 1  | 0 | 0 | 0 | 1 | 0 | 0 | 0 | 0 | 1 | 1 | 0 | 6   |
| 2  | 0 | 0 | 1 | 0 | 1 | 0 | 1 | 1 | 0 | 1 | 1 | 91  |
| 3  | 0 | 0 | 1 | 1 | 1 | 0 | 0 | 1 | 1 | 1 | 1 | 79  |
| 4  | 0 | 1 | 0 | 0 | 1 | 1 | 0 | 0 | 1 | 1 | 0 | 102 |
| 5  | 0 | 1 | 0 | 1 | 1 | 1 | 0 | 1 | 1 | 0 | 1 | 109 |
| 6  | 0 | 1 | 1 | 0 | 1 | 1 | 1 | 1 | 1 | 0 | 1 | 125 |
| 7  | 0 | 1 | 1 | 1 | 0 | 0 | 0 | 0 | 1 | 1 | 1 | 7   |
| 8  | 1 | 0 | 0 | 0 | 1 | 1 | 1 | 1 | 1 | 1 | 1 | 127 |
| 9  | 1 | 0 | 0 | 1 | 1 | 1 | 0 | 0 | 1 | 1 | 1 | 103 |
| 10 | 1 | 0 | 1 | 0 | 0 | 0 | 0 | 0 | 0 | 0 | 0 | 0   |
| 11 | 1 | 0 | 1 | 1 | 0 | 0 | 0 | 0 | 0 | 0 | 0 | 0   |
| 12 | 1 | 1 | 0 | 0 | 0 | 0 | 0 | 0 | 0 | 0 | 0 | 0   |
| 13 | 1 | 1 | 0 | 1 | 0 | 0 | 0 | 0 | 0 | 0 | 0 | 0   |
| 14 | 1 | 1 | 1 | 0 | 0 | 0 | 0 | 0 | 0 | 0 | 0 | 0   |
| 15 | 1 | 1 | 1 | 1 | 0 | 0 | 0 | 0 | 0 | 0 | 0 | 0   |

Aus dieser Funktionstabelle ergibt sich folgender Zuordner:

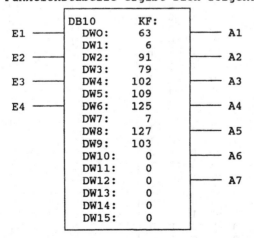

**Realisierung mit einer SPS:**
Zuordnung:

| | | | | |
|---|---|---|---|---|
| E1 = E 0.0 | A1 = A 0.0 | Adressenregister | MW10 |
| E2 = E 0.1 | A2 = A 0.1 | Zustandsregister | MW20 |
| E3 = E 0.2 | A3 = A 0.2 | | |
| E4 = E 0.3 | A4 = A 0.3 | Datenbaustein | DB10 |
| | A5 = A 0.4 | | |
| | A6 = A 0.5 | | |
| | A7 = A 0.6 | | |

**Anweisungsliste:**

FB 10
NAME :S.SEGM.
```
      :L    EB    0     :
      :L    KH  000F    :L    AB    0
      :UW               :L    KH  FF80
      :T    MW   10     :UW
      :                 :L    MW   20
      :A    DB   10     :OW
      :B    MW   10     :T    AB    0
      :L    DW    0     :BE
      :T    MW   20
```

DB10

| | | | |
|---|---|---|---|
| 0: | KF = +00063; | 8: | KF = +00127; |
| 1: | KF = +00006; | 9: | KF = +00103; |
| 2: | KF = +00091; | 10: | KF = +00000; |
| 3: | KF = +00079; | 11: | KF = +00000; |
| 4: | KF = +00102; | 12: | KF = +00000; |
| 5: | KF = +00109; | 13: | KF = +00000; |
| 6: | KF = +00125; | 14: | KF = +00000; |
| 7: | KF = +00007; | 15: | KF = +00000; |
| | | 16: | |

## Übung 18.2: Tunnelbelüftung

**Funktionstabelle:**

| Dual-Nr. | S5 | S4 | S3 | S2 | S1 | K5 | K4 | K3 | K2 | K1 | Dualwert der Ausgangskombin. |
|---|---|---|---|---|---|---|---|---|---|---|---|
| 0  | 0 | 0 | 0 | 0 | 0 | 0 | 0 | 0 | 0 | 0 | 0 |
| 1  | 0 | 0 | 0 | 0 | 1 | 0 | 0 | 0 | 0 | 1 | 1 |
| 2  | 0 | 0 | 0 | 1 | 0 | 0 | 0 | 0 | 0 | 1 | 1 |
| 3  | 0 | 0 | 0 | 1 | 1 | 1 | 0 | 0 | 0 | 1 | 17 |
| 4  | 0 | 0 | 1 | 0 | 0 | 0 | 0 | 0 | 0 | 1 | 1 |
| 5  | 0 | 0 | 1 | 0 | 1 | 1 | 0 | 0 | 0 | 1 | 17 |
| 6  | 0 | 0 | 1 | 1 | 0 | 1 | 0 | 0 | 0 | 1 | 17 |
| 7  | 0 | 0 | 1 | 1 | 1 | 1 | 0 | 1 | 0 | 1 | 21 |
| 8  | 0 | 1 | 0 | 0 | 0 | 0 | 0 | 0 | 0 | 1 | 1 |
| 9  | 0 | 1 | 0 | 0 | 1 | 1 | 0 | 0 | 0 | 1 | 17 |
| 10 | 0 | 1 | 0 | 1 | 0 | 1 | 0 | 0 | 0 | 1 | 17 |
| 11 | 0 | 1 | 0 | 1 | 1 | 1 | 0 | 1 | 0 | 1 | 21 |
| 12 | 0 | 1 | 1 | 0 | 0 | 1 | 0 | 0 | 0 | 1 | 17 |
| 13 | 0 | 1 | 1 | 0 | 1 | 1 | 0 | 1 | 0 | 1 | 21 |
| 14 | 0 | 1 | 1 | 1 | 0 | 1 | 0 | 1 | 0 | 1 | 21 |
| 15 | 0 | 1 | 1 | 1 | 1 | 0 | 1 | 0 | 1 | 0 | 10 |
| 16 | 1 | 0 | 0 | 0 | 0 | 0 | 0 | 0 | 0 | 1 | 1 |
| 17 | 1 | 0 | 0 | 0 | 1 | 1 | 0 | 0 | 0 | 1 | 17 |
| 18 | 1 | 0 | 0 | 1 | 0 | 1 | 0 | 0 | 0 | 1 | 17 |
| 19 | 1 | 0 | 0 | 1 | 1 | 1 | 0 | 1 | 0 | 1 | 21 |
| 20 | 1 | 0 | 1 | 0 | 0 | 1 | 0 | 0 | 0 | 1 | 17 |
| 21 | 1 | 0 | 1 | 0 | 1 | 1 | 0 | 1 | 0 | 1 | 21 |
| 22 | 1 | 0 | 1 | 1 | 0 | 1 | 0 | 1 | 0 | 1 | 21 |
| 23 | 1 | 0 | 1 | 1 | 1 | 0 | 1 | 0 | 1 | 0 | 10 |
| 24 | 1 | 1 | 0 | 0 | 0 | 1 | 0 | 0 | 0 | 1 | 17 |
| 25 | 1 | 1 | 0 | 0 | 1 | 1 | 0 | 1 | 0 | 1 | 21 |
| 26 | 1 | 1 | 0 | 1 | 0 | 1 | 0 | 1 | 0 | 1 | 21 |
| 27 | 1 | 1 | 0 | 1 | 1 | 0 | 1 | 0 | 1 | 0 | 10 |
| 28 | 1 | 1 | 1 | 0 | 0 | 1 | 0 | 1 | 0 | 1 | 21 |
| 29 | 1 | 1 | 1 | 0 | 1 | 0 | 1 | 0 | 1 | 0 | 10 |
| 30 | 1 | 1 | 1 | 1 | 0 | 0 | 1 | 0 | 1 | 0 | 10 |
| 31 | 1 | 1 | 1 | 1 | 1 | 1 | 1 | 1 | 1 | 1 | 31 |

Aus dieser Funktionstabelle ergibt sich folgender Zuordner:

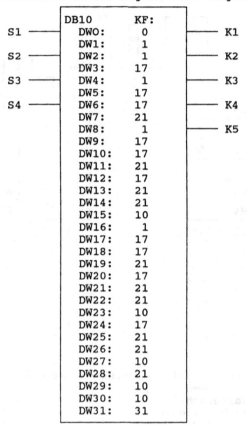

**Realisierung mit einer SPS:**
Zuordnung:

| | | | |
|---|---|---|---|
| S1 = E 0.0 | K1 = A 0.0 | Adressenregister | MW10 |
| S2 = E 0.1 | K2 = A 0.1 | Zustandsregister | MW20 |
| S3 = E 0.2 | K3 = A 0.2 | | |
| S4 = E 0.3 | K4 = A 0.3 | Datenbaustein | DB10 |
| | K5 = A 0.4 | | |

**Anweisungsliste:**

```
FB 10                DB10
NAME :TUNNEL          0:    KF = +00000;    16:    KF = +00001;
     :L    EB   0     1:    KF = +00001;    17:    KF = +00017;
     :L    KH 001F    2:    KF = +00001;    18:    KF = +00017;
     :UW              3:    KF = +00017;    19:    KF = +00021;
     :T    MW  10     4:    KF = +00001;    20:    KF = +00017;
     :                5:    KF = +00017;    21:    KF = +00021;
     :A    DB   10    6:    KF = +00017;    22:    KF = +00021;
     :B    MW   10    7:    KF = +00021;    23:    KF = +00010;
     :L    DW   0     8:    KF = +00001;    24:    KF = +00017;
     :T    MW   20    9:    KF = +00017;    25:    KF = +00021;
     :               10:    KF = +00017;    26:    KF = +00021;
     :L    AB   0    11:    KF = +00021;    27:    KF = +00010;
     :L    KH FFE0   12:    KF = +00017;    28:    KF = +00021;
     :UW             13:    KF = +00021;    29:    KF = +00010;
     :L    MW  20    14:    KF = +00021;    30:    KF = +00010;
     :OW             15:    KF = +00010;    31:    KF = +00031;
     :T    AB   0                           32:
     :BE
```

**Übung 18.3: Bedarfsampelanlage**

**Zustandsgraph:**

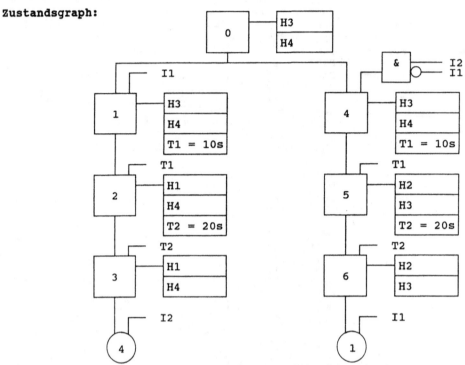

Tabelle für die Bezeichnung der Weiterschaltkombinationen:

| T2 | T1 | I2 | I1 | Weiterschalt-kombinationen |
|----|----|----|----|-----|
| 0 | 0 | 0 | 0 | B0 |
| 0 | 0 | 0 | 1 | B1 |
| 0 | 0 | 1 | 0 | B2 |
| 0 | 0 | 1 | 1 | B3 |
| 0 | 1 | 0 | 0 | B4 |
| 0 | 1 | 0 | 1 | B5 |
| 0 | 1 | 1 | 0 | B6 |
| 0 | 1 | 1 | 1 | B7 |
| 1 | 0 | 0 | 0 | B8 |
| 1 | 0 | 0 | 1 | B9 |
| 1 | 0 | 1 | 0 | B10 |
| 1 | 0 | 1 | 1 | B11 |
| 1 | 1 | 0 | 0 | B12 |
| 1 | 1 | 0 | 1 | B13 |
| 1 | 1 | 1 | 0 | B14 |
| 1 | 1 | 1 | 1 | B15 |

**Zustandstabelle:**

|         | Übergangstabelle | | | | | | | | | | | | | | | | | Ausgabetabelle | | | | | |         |
| ------- | - | - | - | - | - | - | - | - | - | - | -- | -- | -- | -- | -- | -- | -- | -- | -- | -- | -- | -- | -- | ------- |

| Zu-stand | Weiterschaltkombinationen | | | | | | | | | | | | | | | | Ausgangszu-weisungen | | | | | | Dual wert |
| --- | --- | --- | --- | --- | --- | --- | --- | --- | --- | --- | --- | --- | --- | --- | --- | --- | --- | --- | --- | --- | --- | --- | --- |
|   | B 0 | B 1 | B 2 | B 3 | B 4 | B 5 | B 6 | B 7 | B 8 | B 9 | B 10 | B 11 | B 12 | B 13 | B 14 | B 15 | T2 | T1 | H4 | H3 | H2 | H1 |  |
| 0 | 0 | 1 | 4 | 1 | – | – | – | – | – | – | – | – | – | – | – | – | 0 | 0 | 1 | 1 | 0 | 0 | 12 |
| 1 | 1 | 1 | 1 | 1 | 2 | 2 | 2 | 2 | – | – | – | – | – | – | – | – | 0 | 1 | 1 | 1 | 0 | 0 | 28 |
| 2 | 2 | 2 | 2 | 2 | – | – | – | – | 3 | 3 | 3 | 3 | – | – | – | – | 1 | 0 | 1 | 0 | 0 | 1 | 41 |
| 3 | 3 | 3 | 4 | 4 | – | – | – | – | – | – | – | – | – | – | – | – | 0 | 0 | 1 | 0 | 0 | 1 | 9 |
| 4 | 4 | 4 | 4 | 4 | 5 | 5 | 5 | 5 | – | – | – | – | – | – | – | – | 0 | 1 | 1 | 1 | 0 | 0 | 28 |
| 5 | 5 | 5 | 5 | 5 | – | – | – | – | 6 | 6 | 6 | 6 | – | – | – | – | 1 | 0 | 0 | 1 | 1 | 0 | 38 |
| 6 | 6 | 1 | 6 | 1 | – | – | – | – | – | – | – | – | – | – | – | – | 0 | 0 | 0 | 1 | 1 | 0 | 6 |

**Codierung der Zustände:**

| Zustandsvariablen Q2  Q1  Q0 | Zustand |
| --- | --- |
| 0   0   0 | Zustand 0 |
| 0   0   1 | Zustand 1 |
| 0   1   0 | Zustand 2 |
| 0   1   1 | Zustand 3 |
| 1   0   0 | Zustand 4 |
| 1   0   1 | Zustand 5 |
| 1   1   0 | Zustand 6 |

**Zuordner der Übergangstabelle mit Weiterschaltkombinationen, Zustandsvariablen und Datenwörter:**

| Zu-stand | Weiter-schalt-komb. | Q2 | Q1 | Q0 | T2 | T1 | I2 | I1 | DB10 Daten-wort DW | DB10 Folge-zustand Q2 Q1 Q0 | DB10 Eintra-gung in das DW |
| --- | --- | --- | --- | --- | --- | --- | --- | --- | --- | --- | --- |
| 0 | B0 | 0 | 0 | 0 | 0 | 0 | 0 | 0 | DW0 | 0   0   0 | 0 |
| 0 | B1 | 0 | 0 | 0 | 0 | 0 | 0 | 1 | DW1 | 0   0   1 | 1 |
| 0 | B2 | 0 | 0 | 0 | 0 | 0 | 1 | 0 | DW2 | 1   0   0 | 4 |
| 0 | B3 | 0 | 0 | 0 | 0 | 0 | 1 | 1 | DW3 | 0   0   1 | 1 |
| 1 | B0 | 0 | 0 | 1 | 0 | 0 | 0 | 0 | DW16 | 0   0   1 | 1 |
| 1 | B1 | 0 | 0 | 1 | 0 | 0 | 0 | 1 | DW17 | 0   0   1 | 1 |
| 1 | B2 | 0 | 0 | 1 | 0 | 0 | 1 | 0 | DW18 | 0   0   1 | 1 |
| 1 | B3 | 0 | 0 | 1 | 0 | 0 | 1 | 1 | DW19 | 0   0   1 | 1 |
| 1 | B4 | 0 | 0 | 1 | 0 | 1 | 0 | 0 | DW20 | 0   1   0 | 2 |
| 1 | B5 | 0 | 0 | 1 | 0 | 1 | 0 | 1 | DW21 | 0   1   0 | 2 |
| 1 | B6 | 0 | 0 | 1 | 0 | 1 | 1 | 0 | DW22 | 0   1   0 | 2 |
| 1 | B7 | 0 | 0 | 1 | 0 | 1 | 1 | 1 | DW23 | 0   1   0 | 2 |
| 2 | B0 | 0 | 1 | 0 | 0 | 0 | 0 | 0 | DW32 | 0   1   0 | 2 |
| 2 | B1 | 0 | 1 | 0 | 0 | 0 | 0 | 1 | DW33 | 0   1   0 | 2 |
| 2 | B2 | 0 | 1 | 0 | 0 | 0 | 1 | 0 | DW34 | 0   1   0 | 2 |
| 2 | B3 | 0 | 1 | 0 | 0 | 0 | 1 | 1 | DW35 | 0   1   0 | 2 |
| 2 | B8 | 0 | 1 | 0 | 1 | 0 | 0 | 0 | DW40 | 0   1   1 | 3 |
| 2 | B9 | 0 | 1 | 0 | 1 | 0 | 0 | 1 | DW41 | 0   1   1 | 3 |
| 2 | B10 | 0 | 1 | 0 | 1 | 0 | 1 | 0 | DW42 | 0   1   1 | 3 |
| 2 | B11 | 0 | 1 | 0 | 1 | 0 | 1 | 1 | DW43 | 0   1   1 | 3 |
| 3 | B0 | 0 | 1 | 1 | 0 | 0 | 0 | 0 | DW48 | 0   1   1 | 3 |
| 3 | B1 | 0 | 1 | 1 | 0 | 0 | 0 | 1 | DW49 | 0   1   1 | 3 |
| 3 | B2 | 0 | 1 | 1 | 0 | 0 | 1 | 0 | DW50 | 1   0   0 | 4 |
| 3 | B3 | 0 | 1 | 1 | 0 | 0 | 1 | 1 | DW51 | 1   0   0 | 4 |

(Fortsetzung)

| Zu-stand | Weiter-schalt-komb. | Q2 | Q1 | Q0 | T2 | T1 | I2 | I1 | DB10 Daten-wort DW | Folge-zustand Q2 Q1 Q0 | DB10 Eintra-gung in das DW |
|---|---|---|---|---|---|---|---|---|---|---|---|
| 4 | B0 | 1 | 0 | 0 | 0 | 0 | 0 | 0 | DW64 | 1 0 0 | 4 |
| 4 | B1 | 1 | 0 | 0 | 0 | 0 | 0 | 1 | DW65 | 1 0 0 | 4 |
| 4 | B2 | 1 | 0 | 0 | 0 | 0 | 1 | 0 | DW66 | 1 0 0 | 4 |
| 4 | B3 | 1 | 0 | 0 | 0 | 0 | 1 | 1 | DW67 | 1 0 0 | 4 |
| 4 | B4 | 1 | 0 | 0 | 0 | 1 | 0 | 0 | DW68 | 1 0 1 | 5 |
| 4 | B5 | 1 | 0 | 0 | 0 | 1 | 0 | 1 | DW69 | 1 0 1 | 5 |
| 4 | B6 | 1 | 0 | 0 | 0 | 1 | 1 | 0 | DW70 | 1 0 1 | 5 |
| 4 | B7 | 1 | 0 | 0 | 0 | 1 | 1 | 1 | DW71 | 1 0 1 | 5 |
| 5 | B0 | 1 | 0 | 1 | 0 | 0 | 0 | 0 | DW80 | 1 0 1 | 5 |
| 5 | B1 | 1 | 0 | 1 | 0 | 0 | 0 | 1 | DW81 | 1 0 1 | 5 |
| 5 | B2 | 1 | 0 | 1 | 0 | 0 | 1 | 0 | DW82 | 1 0 1 | 5 |
| 5 | B3 | 1 | 0 | 1 | 0 | 0 | 1 | 1 | DW83 | 1 0 1 | 5 |
| 5 | B8 | 1 | 0 | 1 | 1 | 0 | 0 | 0 | DW88 | 1 1 0 | 6 |
| 5 | B9 | 1 | 0 | 1 | 1 | 0 | 0 | 1 | DW89 | 1 1 0 | 6 |
| 5 | B10 | 1 | 0 | 1 | 1 | 0 | 1 | 0 | DW90 | 1 1 0 | 6 |
| 5 | B11 | 1 | 0 | 1 | 1 | 0 | 1 | 1 | DW91 | 1 1 0 | 6 |
| 6 | B0 | 1 | 1 | 0 | 0 | 0 | 0 | 0 | DW96 | 1 1 0 | 6 |
| 6 | B1 | 1 | 1 | 0 | 0 | 0 | 0 | 1 | DW97 | 0 0 1 | 1 |
| 6 | B2 | 1 | 1 | 0 | 0 | 0 | 1 | 0 | DW98 | 1 1 0 | 6 |
| 6 | B3 | 1 | 1 | 0 | 0 | 0 | 1 | 1 | DW99 | 0 0 1 | 1 |

Zuordner der Ausgabetabelle:

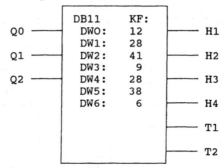

```
              DB11      KF:
  Q0 ————    DWO:      12    ———— H1
              DW1:      28
  Q1 ————    DW2:      41    ———— H2
              DW3:       9
  Q2 ————    DW4:      28    ———— H3
              DW5:      38
              DW6:       6    ———— H4

                             ———— T1

                             ———— T2
```

**Realisierung mit einer SPS:**
Zuordnung:

| | | | |
|---|---|---|---|
| S1 = E 0.0 | H1 = A 0.0 | Hilfsregister | MB1, MB2 |
| S2 = E 0.1 | H2 = A 0.1 | Adressenregister | MW10 |
| | H3 = A 0.2 | Ausgaberegister | MW20 |
| | H4 = A 0.3 | Datenbausteine | DB10, DB11 |

**Anweisungsliste:**

FB 10
NAME :BE.AMPEL

```
:L    EB    0
:L    KH 0003
:UW
:L    MB    2
:SLW       4
:OW
:T    MW   10
:
:U    T     1
:=    M    11.2
:U    T     2
:=    M    11.3
:
:A    DB   10
:B    MW   10
:L    DW    0
:T    MW   20
:
:A    DB   11
:B    MW   20
:L    DW    0
:T    MB    1
:
:U    M     1.4
:L    KT 100.1
:SE   T     1
:
:U    M     1.5
:L    KT 200.1
:SE   T     2
:
:L    MB    1
:L    KH 000F
:UW
:T    MB    1
:
:L    AB    0
:L    KH FFF0
:UW
:L    MB    1
:OW
:T    AB    0
:
:L    MW   20
:T    MB    2
:BE
```

| DB10 | | | | |
|---|---|---|---|---|
| 0: | KF = +00000; | 59: | KF = +00000; |
| 1: | KF = +00001; | 60: | KF = +00000; |
| 2: | KF = +00004; | 61: | KF = +00000; |
| 3: | KF = +00001; | 62: | KF = +00000; |
| 4: | KF = +00000; | 63: | KF = +00000; |
| 5: | KF = +00000; | 64: | KF = +00004; |
| 6: | KF = +00000; | 65: | KF = +00004; |
| 7: | KF = +00000; | 66: | KF = +00004; |
| 8: | KF = +00000; | 67: | KF = +00004; |
| 9: | KF = +00000; | 68: | KF = +00005; |
| 10: | KF = +00000; | 69: | KF = +00005; |
| 11: | KF = +00000; | 70: | KF = +00005; |
| 12: | KF = +00000; | 71: | KF = +00005; |
| 13: | KF = +00000; | 72: | KF = +00000; |
| 14: | KF = +00000; | 73: | KF = +00000; |
| 15: | KF = +00000; | 74: | KF = +00000; |
| 16: | KF = +00001; | 75: | KF = +00000; |
| 17: | KF = +00001; | 76: | KF = +00000; |
| 18: | KF = +00001; | 77: | KF = +00000; |
| 19: | KF = +00001; | 78: | KF = +00000; |
| 20: | KF = +00002; | 79: | KF = +00000; |
| 21: | KF = +00002; | 80: | KF = +00005; |
| 22: | KF = +00002; | 81: | KF = +00005; |
| 23: | KF = +00002; | 82: | KF = +00005; |
| 24: | KF = +00000; | 83: | KF = +00005; |
| 25: | KF = +00000; | 84: | KF = +00000; |
| 26: | KF = +00000; | 85: | KF = +00000; |
| 27: | KF = +00000; | 86: | KF = +00000; |
| 28: | KF = +00000; | 87: | KF = +00000; |
| 29: | KF = +00000; | 88: | KF = +00006; |
| 30: | KF = +00000; | 89: | KF = +00006; |
| 31: | KF = +00000; | 90: | KF = +00006; |
| 32: | KF = +00002; | 91: | KF = +00006; |
| 33: | KF = +00002; | 92: | KF = +00000; |
| 34: | KF = +00002; | 93: | KF = +00000; |
| 35: | KF = +00002; | 94: | KF = +00000; |
| 36: | KF = +00000; | 95: | KF = +00000; |
| 37: | KF = +00000; | 96: | KF = +00006; |
| 38: | KF = +00000; | 97: | KF = +00001; |
| 39: | KF = +00000; | 98: | KF = +00006; |
| 40: | KF = +00003; | 99: | KF = +00001; |
| 41: | KF = +00003; | 100: | |
| 42: | KF = +00003; | | |
| 43: | KF = +00003; | DB11 | |
| 44: | KF = +00000; | 0: | KF = +00012; |
| 45: | KF = +00000; | 1: | KF = +00028; |
| 46: | KF = +00000; | 2: | KF = +00041; |
| 47: | KF = +00000; | 3: | KF = +00009; |
| 48: | KF = +00003; | 4: | KF = +00028; |
| 49: | KF = +00003; | 5: | KF = +00038; |
| 50: | KF = +00004; | 6: | KF = +00006; |
| 51: | KF = +00004; | 7: | |
| 52: | KF = +00000; | | |
| 53: | KF = +00000; | | |
| 54: | KF = +00000; | | |
| 55: | KF = +00000; | | |
| 56: | KF = +00000; | | |
| 57: | KF = +00000; | | |
| 58: | KF = +00000; | | |

## Übung 18.4: Überwachungsschaltung

**Zuordnungstabelle:**

| Eingangsvariable | Betriebsmittel-kennzeichen | Logische Zuordnung | |
|---|---|---|---|
| Quittierungstaste | S0 | betätigt | S0 = 1 |
| Lichtschranke 1 | S1 | unterbrochen | S1 = 1 |
| Lichtschranke 2 | S2 | unterbrochen | S2 = 1 |
| Ausgangsvariable | | | |
| Meldeleuchte | H1 | leuchtet | H1 = 1 |

Tabelle für die Codierung der Weiterschaltkombinationen

| S2 S1 | Bezeichnung |
|---|---|
| 0  0 | B0 |
| 0  1 | B1 |
| 1  0 | B2 |
| 1  1 | B3 |

Zustandsdiagramm der Steuerungsaufgabe:

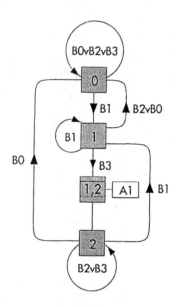

Die flüchtige Ausgabevariable A1 des Zustandsdiagramms setzt ein RS-Speicherglied. Der Ausgang des Speichergliedes steuert die Meldeleuchte H1 an. Rückgesetzt wird das Speicherglied mit der Quittiertaste S0.

```
A1 ──── S
            
S0 ──── R ──── H1
```

**Zustandstabelle**

| Zustand | Weiterschaltkombinationen | | | |
|---|---|---|---|---|
| | B0 | B1 | B2 | B3 |
| 0 | 0/- | 1/- | 0/- | 0/- |
| 1 | 0/- | 1/- | 0/- | 2/A1 |
| 2 | 0/- | 1/- | 2/- | 2/- |

**Tabelle für die Codierung der Zustände**

| Zustandsvariablen | | Zustand |
|---|---|---|
| Q1 | Q0 | |
| 0 | 0 | Zustand 0 |
| 0 | 1 | Zustand 1 |
| 1 | 0 | Zustand 2 |

**Zustandstabelle mit Eingangs- und Zustandsvariablen**

| Dual-wert | | | | | Folge-zustand | | Ausgabe-zuweisung | Dual-wert |
|---|---|---|---|---|---|---|---|---|
| | Q1 | Q0 | S2 | S1 | Q1 | Q0 | A1 | |
| 0 | 0 | 0 | 0 | 0 | 0 | 0 | 0 | 0 |
| 1 | 0 | 0 | 0 | 1 | 0 | 1 | 0 | 2 |
| 2 | 0 | 0 | 1 | 0 | 0 | 0 | 0 | 0 |
| 3 | 0 | 0 | 1 | 1 | 0 | 0 | 0 | 0 |
| 4 | 0 | 1 | 0 | 0 | 0 | 0 | 0 | 0 |
| 5 | 0 | 1 | 0 | 1 | 0 | 1 | 0 | 2 |
| 6 | 0 | 1 | 1 | 0 | 0 | 0 | 0 | 0 |
| 7 | 0 | 1 | 1 | 1 | 1 | 0 | 1 | 5 |
| 8 | 1 | 0 | 0 | 0 | 0 | 0 | 0 | 0 |
| 9 | 1 | 0 | 0 | 1 | 0 | 1 | 0 | 2 |
| 10 | 1 | 0 | 1 | 0 | 1 | 0 | 0 | 4 |
| 11 | 1 | 0 | 1 | 1 | 1 | 0 | 0 | 4 |

**Zuordner der Zustandstabelle**

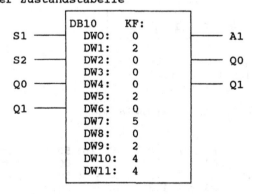

| | DB10 | KF: | |
|---|---|---|---|
| S1 | DW0: | 0 | A1 |
| | DW1: | 2 | |
| S2 | DW2: | 0 | Q0 |
| | DW3: | 0 | |
| Q0 | DW4: | 0 | Q1 |
| | DW5: | 2 | |
| Q1 | DW6: | 0 | |
| | DW7: | 5 | |
| | DW8: | 0 | |
| | DW9: | 2 | |
| | DW10: | 4 | |
| | DW11: | 4 | |

**Realisierung mit einer SPS:**
Zuordnung:

| S0 = E 0.0 | H1 = A 0.0 | Altzustandsregister | MB2 |
|---|---|---|---|
| S1 = E 0.1 | | Adressenregister | MW10 |
| S2 = E 0.2 | | Ausgaberegister | MW20 |
| | | Datenbaustein | DB10 |

**Anweisungsliste:**

```
FB 10                                          DB10
NAME :UEBERWA                                   0:    KF = +00000;
      :L    EB    0      :U    M    20.0        1:    KF = +00002;
      :L    KH 0006      :S    A     0.0        2:    KF = +00004;
      :UW                :U    E     0.0        3:    KF = +00000;
      :SRW       1       :R    A     0.0        4:    KF = +00000;
      :L    MB   2       :                      5:    KF = +00002;
      :SLW       2       :L    MB   20          6:    KF = +00000;
      :OW                :SRW       1           7:    KF = +00005;
      :T    MW  10       :T    MB    2          8:    KF = +00000;
      :                  :BE                    9:    KF = +00002;
      :A    DB  10                             10:    KF = +00004;
      :B    MW  10                             11:    KF = +00004;
      :L    DW   0                             12:
      :T    MB  20
      :
```

## Übung 18.5 Rohrbiegeanlage

Ablaufkette und Grundstellung der Anlage AM0 siehe Übung 9.2.

Das Steuerungsprogramm des Betriebsartenteils PB10 wird von der Übungsaufgabe 9.2 unverändert übernommen. Die Ablaufkette im Programmbaustein
PB11 wird mit Zähler Z1 umgesetzt. Die Befehlsausgabe im Funktionsbaustein FB 13 erfolgt durch die Adressierung eines Datenwortes mit dem
aktuellen Schritt.

Eintragungen in den Datenbaustein DB13:

| Schritt | Ausgangsvariablen | | | | | | DB13 |
|---------|---|---|-----|-----|----|----|------|
|         | Y | H | MAU | MAB | W2 | W1 |      |
| 0 | 0 | 0 | 0 | 0 | 0 | 0 | 0 |
| 1 | 0 | 0 | 0 | 0 | 1 | 0 | 2 |
| 2 | 0 | 1 | 0 | 0 | 1 | 0 | 18 |
| 3 | 0 | 1 | 0 | 1 | 0 | 0 | 20 |
| 4 | 0 | 1 | 0 | 0 | 0 | 0 | 16 |
| 5 | 1 | 1 | 0 | 0 | 0 | 0 | 48 |
| 6 | 1 | 0 | 0 | 0 | 0 | 0 | 32 |
| 7 | 0 | 0 | 1 | 0 | 0 | 0 | 8 |
| 8 | 0 | 0 | 0 | 0 | 0 | 0 | 0 |
| 9 | 0 | 0 | 0 | 0 | 0 | 1 | 1 |

**Realisierung mit einer SPS:**
    PB 10: Betriebsartenteil mit Meldungen
    PB 11: Ablaufkette mit Schrittanzeige
    FB 13: Befehlsausgabe
    DB 13: Datenbaustein mit den Ausgabezuweisungen

Zuordnung:

| | | | | | | |
|---|---|---|---|---|---|---|
| E1 = E 1.1 | S7 = E 0.7 | A0 = A 1.0 | B0 = M 50.0 | Adressen- |
| E2 = E 1.2 | S8 = E 1.5 | A1 = A 1.1 | B1 = M 50.1 | register |
| E3 = E 1.3 | S9 = E 1.6 | A2 = A 1.2 | B2 = M 50.2 | MW10 = MW 10 |
| E4 = E 1.4 | | A3 = A 1.3 | B3 = M 50.3 | |
| S0 = E 0.0 | | A4 = A 1.4 | B4 = M 50.4 | Zähler  Z1 |
| S1 = E 0.1 | | W1 = A 0.0 | AM0 = M 51.0 | |
| S2 = E 0.2 | | W2 = A 0.1 | B10 = M 52.0 | Zeit  T1 |
| S3 = E 0.3 | | MAB = A 0.2 | B11 = M 52.1 | |
| S4 = E 0.4 | | MAU = A 0.3 | B12 = M 52.2 | |
| S5 = E 0.5 | | H = A 0.4 | M0 = M 40.0 | |
| S6 = E 0.6 | | Y = A 0.5 | | |

**Anweisungsliste:**

| PB 10 | | |
|---|---|---|
| :U | E | 1.2 |
| :UN | M | 52.1 |
| := | M | 52.0 |
| :U | M | 52.0 |
| :S | M | 52.1 |
| :UN | E | 1.2 |
| :R | M | 52.1 |
| :U | M | 52.0 |
| :U | M | 51.0 |
| :UN | A | 1.4 |
| :U | E | 1.1 |
| :UN | M | 40.0 |
| := | M | 50.0 |
| :U | M | 51.0 |
| :U | M | 52.0 |
| :U | M | 40.0 |
| :S | A | 1.4 |
| :ON | E | 1.1 |
| :O | | |
| :U | M | 52.2 |
| :U | M | 40.0 |
| :R | A | 1.4 |
| :U | A | 1.4 |
| := | M | 50.1 |
| :U | A | 1.4 |
| :U | E | 1.4 |
| :S | M | 52.2 |
| :UN | A | 1.4 |
| :R | M | 52.2 |
| :U | M | 52.0 |
| :UN | E | 1.1 |
| := | M | 50.2 |
| :U | E | 0.0 |
| :U | M | 51.0 |
| := | M | 50.3 |
| :O | A | 1.4 |
| :O | | |
| :UN | E | 1.1 |
| :U | E | 1.3 |
| := | M | 50.4 |
| :BE | | |

| PB 11 | | |
|---|---|---|
| :U | E | 0.1 |
| :U | E | 0.2 |
| :UN | E | 0.3 |
| :UN | E | 0.4 |
| :U | E | 0.5 |
| :UN | E | 0.6 |
| :U | E | 0.7 |
| :UN | E | 1.5 |
| :UN | E | 1.6 |
| := | M | 51.0 |
| :UN | Z | 1 |
| :U | M | 50.1 |
| :U | M | 50.3 |
| :ZV | Z | 1 |
| :U( | | |
| :L | Z | 1 |
| :L | KF | +1 |
| :!=F | | |
| :) | | |
| :U | M | 50.1 |
| :U | E | 0.3 |
| :ZV | Z | 1 |
| :U( | | |
| :L | Z | 1 |
| :L | KF | +2 |
| :!=F | | |
| :) | | |
| :U | M | 50.1 |
| :U | E | 0.4 |
| :ZV | Z | 1 |
| :U( | | |
| :L | Z | 1 |
| :L | KF | +3 |
| :!=F | | |
| :) | | |
| :U | M | 50.1 |
| :U | E | 0.6 |
| :ZV | Z | 1 |
| :U( | | |
| :L | Z | 1 |
| :L | KF | +4 |
| :!=F | | |
| :) | | |
| :U | M | 50.1 |
| :U | E | 1.6 |
| :ZV | Z | 1 |
| :U( | | |
| :L | Z | 1 |
| :L | KF | +5 |
| :!=F | | |
| :) | | |
| :U | M | 50.1 |
| :U | E | 1.5 |
| :ZV | Z | 1 |
| :U( | | |
| :L | Z | 1 |
| :L | KF | +6 |
| :!=F | | |

| | | |
|---|---|---|
| :) | | |
| :U | M | 50.1 |
| :U | T | 1 |
| :ZV | Z | 1 |
| :U( | | |
| :L | Z | 1 |
| :L | KF | +7 |
| :!=F | | |
| :) | | |
| :U | M | 50.1 |
| :U | E | 0.5 |
| :ZV | Z | 1 |
| :U( | | |
| :L | Z | 1 |
| :L | KF | +8 |
| :!=F | | |
| :) | | |
| :U | M | 50.1 |
| :U | E | 0.7 |
| :ZV | Z | 1 |
| :O | M | 50.0 |
| :O | | |
| :U( | | |
| :L | Z | 1 |
| :L | KF | +9 |
| :!=F | | |
| :) | | |
| :U | M | 50.1 |
| :U | E | 0.1 |
| :R | Z | 1 |
| :U | M | 50.2 |
| :ZV | Z | 1 |
| :L | Z | 1 |
| :T | MW | 10 |
| :LC | Z | 1 |
| :T | AB | 16 |
| :L | Z | 1 |
| :L | KF | +10 |
| :!=F | | |
| :R | Z | 1 |
| :UN | Z | 1 |
| := | M | 40.0 |
| :L | Z | 1 |
| :L | KF | +6 |
| :!=F | | |
| :L | KT | 030.1 |
| :SE | T | 1 |
| :BE | | |

| FB 13 | | |
|---|---|---|
| NAME | :BEFEHLSA | |
| :A | DB | 13 |
| : | | |
| :UN | M | 50.4 |
| :SPB | =M001 | |
| : | | |
| :B | MW | 10 |
| :L | DW | 0 |
| :T | AB | 0 |
| : | | |
| :BEA | | |
| M001 : | | |
| :L | KH | 0000 |
| :T | AB | 0 |
| : | | |
| :BE | | |

| DB13 | | |
|---|---|---|
| 0: | KF = | +00000; |
| 1: | KF = | +00002; |
| 2: | KF = | +00018; |
| 3: | KF = | +00020; |
| 4: | KF = | +00016; |
| 5: | KF = | +00048; |
| 6: | KF = | +00032; |
| 7: | KF = | +00008; |
| 8: | KF = | +00000; |
| 9: | KF = | +00001; |
| 10: | | |

## Übung 19.1: Schubantrieb mit Widerstandsferngeber

**Realisierung mit einer SPS:**
Zuordnung:

```
S0 = E 0.0    Y0 = A 0.0    M 4.0 Merker Öffnen
S1 = E 0.1    Y1 = A 0.1    M 4.1 Merker Schließen
S2 = E 0.2                  MW 10 Istwert, normiert auf 0 .. 100%

G  = Baugruppenadresse BG = 160
     Kanalnummer        KN = 0
     Kanaltyp           KT = 4
```

**Anweisungsliste:**

```
OB 1
:SPA PB    1
:BE

PB 1
     :U   E    0.0        Abfrage "Jalousie oeffnen"?
     :S   M    4.0        "Oeffnen" uebernehmen.
     :R   M    4.1        Verriegeln gegen "Schliessen".
     :R   A    0.1
     :
     :U   M    4.0        Bearbeiten des Funktionsbau-
     :SPB FB   1          steins "OEFFNEN".
NAME :OEFFNEN
     :
     :U   E    0.1        Abfrage "Jalousie schliessen"?
     :S   M    4.1        "Schliessen" uebernehmen.
     :R   M    4.0        Verriegeln gegen "Oeffnen".
     :R   A    0.0
     :
     :U   M    4.1        Bearbeiten des Funktionsbau-
     :SPB FB   2          steins "SCHLIESS".
NAME :SCHLIESS
     :
     :BE


FB 1
NAME :OEFFNEN
     :SPA FB 250          Analogwert einlesen: Geber G.
NAME :RLG:AE
BG   :    KF +160            Baugruppenadresse 160
KNKT :    KY 0,4             Kanal 0, Kanaltyp 4=unipolar
OGR  :    KF +100            Oberer Grenzwert
UGR  :    KF +0             Unterer Grenzwert
EINZ :    M 100.0
XA   :    MW 10              Normierter Analogwert:0...100
FB   :    M 100.1
BU   :    M 100.2
TBIT :    M 100.3
     :
     :U   E    0.2        Abfrage: Halb- oder Ganzoeffnung
     :SPB =M001
     :
     :L   MW 10           Vergleich, ob Jalousie weniger
     :L   KF +50          als 50% geoeffnet ist.
     :<F
     :=   A    0.0        Wenn ja, Motor-Rechtslauf: AUF
     :SPA =M002
     :
```

```
M001 :L    MW   10        Vergleich, ob Jalousie weniger
     :L    KF +100        als 100% geoeffnet ist.
     :<F
     :=    A    0.0        Wenn ja, Motor-Rechtslauf: AUF
     :
M002 :UN   A    0.0        Abfrage, ob Jalousie geoeffnet.
     :R    M    4.0        Wenn ja, Merker "Oeffnen" rueck-
     :BE                   setzen.


FB 2
NAME :SCHLIESS
     :SPA FB 250           Analogwert einlesen: Geber G
NAME :RLG:AE
BG   :     KF +160            Baugruppenadresse 160
KNKT :     KY 0,4             Kanal 0, Kanaltyp 4=unipolar
OGR  :     KF +100            Oberer Grenzwert
UGR  :     KF +0             Unterer Grenzwert
EINZ :     M  100.0
XA   :     MW   10           Normierter Istwert: 0...100
FB   :     M  100.1
BU   :     M  100.2
TBIT :     M  100.3
     :
     :L    MW   10        Vergleich, ob Jalousie noch
     :L    KF +0          geoeffnet ist.
     :>F
     :=    A    0.1        Wenn ja, Motor-Linkslauf: ZU
     :
     :UN   A    0.1        Abfrage, ob Jalousie zu.
     :R    M    4.1        Wenn ja, Merker "Schliessen"
     :BE                   ruecksetzen.
```

## Übung 19.2: Drosselklappe mit 0(4) ... 20 mA Stellungsgeber

**Realisierung mit einer SPS:**
Zuordnung:

```
  S0 = E 0.0    Y0 = A 0.0    M 4.0 Merker: Position einstellen
  EW = EW 12    Y1 = A 0.1    MW  8 Sollwert, dual-codiert
         BCD-codiert          MW 10 Istwert (roh) 15° ... 75°
                              MW 12 Istwert, normiert auf 0 ... 60°

  G = Baugruppenadresse  BG = 160
      Kanalnummer         KN = 4
      Kanaltyp        a)  KT = 3
                      b)  KT = 4
```

**Anweisungsliste:**

```
OB 1
     :U    E    0.0        Startimpuls durch Taster S0 zum
     :S    M    4.0        Anfahren der neuen Klappenstellg
     :
     :U    M    4.0        Wenn ja,
     :SPB PB   1           Sollwert u. Istwert einlesen,
     :U    M    4.0        Motor fuer Rechts-bzw.Links-
     :SPB PB   2           lauf einschalten.
     :
     :UN   A    0.0        Wenn neue Klappenstellung
     :UN   A    0.1        erreicht, dann
     :R    M    4.0        Merker ruecksetzen.
     :BE
```

PB 1

Fuer 4...20 mA - Signal:

```
FB250      :Analogwert einlesen
Kanal 4    :0,5 V Nennbereich
Kanaltyp 3 :Betragsdarstellung 4...20 mA (s.Tabelle S.430)
Obergrenze :OGR = 75 bewirkt Normierung fuer I = 20 mA --> 2560 Einheiten
Untergrenze:UGR = 15 bewirkt Normierung fuer I =  4 mA -->  512 Einheiten
```

```
        :SPA FB 240        Sollwert einlesen.
NAME :COD:B4
BCD  :     EW  12          BCD-Zahleneinsteller ablesen.
SBCD :     M  100.0
DUAL :     MW   8          Sollwert dual-codiert nach MW8.
     :
        :SPA FB 250        Istwert einlesen:
NAME :RLG:AE
BG   :     KF +160            Baugruppenadresse
KNKT :     KY 4,3             Kanal 4, Kanaltyp 3=4...20mA
OGR  :     KF +75             Obergrenze
UGR  :     KF +15             Untergrenze
EINZ :     M  100.1
XA   :     MW  10             Istwert (roh): 15...75
FB   :     M  100.2
BU   :     M  100.3
TBIT :     M  100.4
     :
        :BE
```

PB 2

Vor dem Sollwert - Istwert - Vergleich ist der Istwert (roh) = (15...75)
durch Subtaktion von 15 an den Sollwert - Bereich (0...60) anzupassen.

```
     :L   MW  10          Istwert (roh): 15...75.
     :L   KF +15          Betrag 15 subtrahieren.
     :-F
     :T   MW  12          Normierter Istwert: 0...60.
     :
     :L   MW  12          Solange Istwert kleiner als
     :L   MW   8          Sollwert,
     :<F                  Motor-Rechtslauf: Klappe weiter
     :=   A   0.0         oeffnen.
     :
     :L   MW  12          Solange Istwert groesser als
     :L   MW   8          Sollwert,
     :>F                  Motor-Linkslauf: Klappe weiter
     :=   A   0.1         schliessen.
     :BE
```

PB 3

Fuer 0...20 mA - Signal:  Im OB1 die Sprungbefehle auf PB3 und PB4 abaendern!

```
FB250      :Analogwert einlesen
Kanal 4    :0,5 V Nennbereich
Kanaltyp 4 :Unipolare Darstellung (s.Tabelle S.428)
Obergrenze :OGR = 48 bewirkt Normierung fuer I = 16 mA --> 2048 Einheiten
Untergrenze:UGR =  0 bewirkt Normierung fuer I =  0 mA -->    0 Einheiten
```

Der FB250 liefert dann fuer I = 20 mA --> 2560 Einheiten den
Zahlenwert 60.
Dieser etwas komplizierte Umrechnungsvorgang liesse sich vermeiden,
wenn der Analogeingang hardwaremaessig umgebaut werden wuerde:
Anstelle des vorhandenen 31,25 Ohm- einen 25 Ohm- Widerstand
verwenden. Die Obergrenze waere dann auf OGR = 60 zu setzen.

```
         :SPA FB 240              Sollwert einlesen.
NAME :COD:B4
BCD  :      EW   12               BCD-Zahleneinsteller ablesen.
SBCD :      M  100.0
DUAL :      MW    8               Sollwert dual-codiert nach MW8.
     :
         :SPA FB 250              Istwert einlesen:
NAME :RLG:AE
BG   :      KF +160                 Baugruppenadresse
KNKT :      KY 4,4                  Kanal 4, Kanaltyp 4=unipolar
OGR  :      KF +48                  Obergrenze entspricht 16 mA
UGR  :      KF +0                   Untergrenze entspricht 0 mA
EINZ :      M  100.1
XA   :      MW   12                 Normierter Istwert: 0...60
FB   :      M  100.2                (hochgerechneter Wert fuer
BU   :      M  100.3                 20 mA).
TBIT :      M  100.4
     :
     :BE

PB 4
     :L   MW   12               Solange Istwert kleiner als
     :L   MW    8               Sollwert,
     :<F                        Motor-Rechtslauf: Klappe weiter
     :=   A    0.0              oeffnen.
     :
     :L   MW   12               Solange Istwert groesser als
     :L   MW    8               Sollwert,
     :>F                        Motor-Linkslauf: Klappe weiter
     :=   A    0.1              schliessen.
     :BE
```

## Übung 19.3: DC-DC-Wandler

**Realisierung mit einer SPS:**
Zuordnung:

```
G =   Baugruppenadresse BG = 160    MW 10 Zahlenwert nach AD-Umsetzung
      Kanalnummer       KN = 5      MW 12 Zahlenwert nach dem Offset
      Kanaltyp          KT = 6      MW 14 Zahlenwert nach
V =   Baugruppenadresse BG = 192          Vorzeichenumkehr
      Kanalnummer       KN = 0      MW 16 Zahlenwert nach
      Kanaltyp          KT = 1            Multiplikation mit 1,25
                                    MW 18 Zahlenwert nach BCD-Wandlung

AW = AW 16
```

**Anweisungsliste:**
```
OB 1
         :SPA FB   1              Analogwert einlesen u. umrechnen
NAME :OFFSET
     :
         :SPA FB   2              Messbereich auf 0...10V anpassen
NAME :V-FAKTOR
     :
         :SPA PB   1              Temperatur als Analogwert im
     :                           Bereich 0...10 V ausgeben.
     :
         :SPA FB   3              Temperaturwert an BCD - Anzeige.
NAME :TEMPZAHL
     :
     :BE
```

```
FB 1
NAME :OFFSET
     :SPA FB 250          Analogwert einlesen:
NAME :RLG:AE
BG   :     KF +160            Baugruppenadresse
KNKT :     KY 5,6             Kanal 5, Kanaltyp 6=bipolar
OGR  :     KF +2048           Obergrenze
UGR  :     KF -2048           Untergrenze
EINZ :     M 100.0
XA   :     MW 10              Istwert:Zahlenwert nach AD-
FB   :     M 100.1                   Umsetzung.
BU   :     M 100.2
TBIT :     M 100.3
     :
     :L   MW 10           Umrechnung auf Temperaturwerte
     :L   KF +2867        (Offset), es entstehen negative
     :-F                  Temperaturwerte.
     :T   MW 12           Istwert: Zahlenwert nach Offset.
     :
     :L   MW 12           Umwandlung der negativen Temp.-
     :KZW                 werte in positive Zahlenwerte.
     :T   MW 14
     :BE

FB 2
NAME :V-FAKTOR
     :L   MW 14           Multiplikation mit 1,25. Damit
     :SRW    2            wird der interne Zahlenbereich
     :L   MW 14           der Temperaturwerte an den
     :+F                  Nennbereich der Analogausgabe
     :T   MW 16           angepasst.
     :BE

PB 1
     :SPA FB 251          Temp. als Analogwert ausgeben:
NAME :RLG:AA
XE   :     MW 16              Zahlenwert in MW16,
BG   :     KF +192            Baugruppenadresse,
KNKT :     KY 0,1             Kanal 0, Kanaltyp 1 =bipolar,
OGR  :     KF +1024           Obergrenze,
UGR  :     KF -1024           Untergrenze.
FEH  :     M 100.5
BU   :     M 100.6
     :
     :BE

FB 3
NAME :TEMPZAHL
     :SPA FB 241          Dual - BCD - Umwandlung.
NAME :COD:16
DUAL :     MW 16              Temperaturwert dual-codiert.
SBCD :     M 100.4
BCD2 :     MB 102
BCD1 :     MW 18              Temperaturwert BCD-codiert.
     :
     :L   MW 18           Division des BCD-codierten
     :SRW    4            Temperaturwertes durch 10.
     :T   AW 16           Ausgabe des umgerechneten Temp.-
     :BE                  wertes an BCD-Ziffernanzeige.
```

## Übung 20.1: Mehrpunktregler

**Realisierung mit einer SPS:**
Zuordnung:
```
  S = E 0.0    A0 = A 0.0    MW 10 Sollwert, dual-codiert
               A1 = A 0.1    MW 20 Istwert, dual-codiert
                             MW 30 Regeldifferenz

  w = Baugruppenadresse BG = 160
      Kanalnummer        KN = 0
      Kanaltyp           KT = 4
  x = Baugruppenadresse BG = 160
      Kanalnummer        KN = 1
      Kanaltyp           KT = 4
```

**Anweisungsliste:**

```
OB 1
        :UN   E     0.0        Regelung EIN-AUS
        :BEB
        :
        :SPA FB    1           Soll-u. Istwerte erfassen.
NAME :EINLESEN
        :
        :SPA FB    2           Regelprogramm bearbeiten.
NAME :DREIPKT
        :
        :BE

FB 1
NAME :EINLESEN
        :SPA FB 250            Einlesen Sollwert w:
NAME :RLG:AE
BG   :     KF +160                 Baugruppenadresse,
KNKT :     KY 0,4                  Kanal 0, Kanaltyp 4 =unipolar
OGR  :     KF +250                 Obergrenze  entspr. 25 Grad,
UGR  :     KF +150                 Untergrenze entspr. 15 Grad,
EINZ :     M 100.0
XA   :     MW 10                   Sollwert dual-codiert.
FB   :     M 100.1
BU   :     M 100.2
TBIT :     M 100.3
        :
        :SPA FB 250            Einlesen Istwert x:
NAME :RLG:AE
BG   :     KF +160                 Baugruppenadresse,
KNKT :     KY 1,4                  Kanal 1, Kanaltyp 4 =unipolar
OGR  :     KF +500                 Obergrenze  entspr. 50 Grad,
UGR  :     KF +0                   Untergrenze entspr.  0 Grad,
EINZ :     M 100.4
XA   :     MW 20                   Istwert dual-codiert.
FB   :     M 100.5
BU   :     M 100.6
TBIT :     M 100.7
        :BE
```

```
FB 2
NAME :DREIPKT
      :L    MW   10        Sollwert w
      :L    MW   20        Istwert  x
      :-F
      :T    MW   30        Regeldifferenz xd = w - x
      :
      :L    MW   30        Feststellen, ob Regeldifferenz
      :L    KF  +5         kleiner als 0,5 Kelvin ist.
      :<F
      :SPB =M001           Wenn ja, Sprung zu Marke M001.
      :
      :L    MW   30        Feststellen, ob Regeldifferenz
      :L    KF  +10        kleiner als 1,0 Kelvin ist.
      :<F
      :BEB                 Wenn ja, Luefteransteuerung
      :                    unveraendert lassen.
      :
      :L    MW   30        Feststellen, ob Regeldifferenz
      :L    KF  +30        groesser als 3,0 Kelvin.
      :>F
      :SPB =M002           Wenn ja, Sprung zu Marke M002.
      :
      :L    MW   30        Feststellen, ob Regeldifferenz
      :L    KF  +25        groesser als 2,5 Kelvin ist.
      :>F
      :BEB                 Wenn ja, Luefteransteuerung
      :                    unveraendert lassen.
      :
      :L    MW   30        Feststellen, ob Regeldifferenz
      :L    KF  +20        groesser als 2,0 Kelvin ist.
      :>F
      :SPB =M003           Wenn ja, Sprung zu Marke M003.
      :
      :L    MW   30        Feststellen, ob Regeldifferenz
      :L    KF  +15        groesser als 1,5 Kelvin ist.
      :>F
      :BEB                 Wenn ja, Luefteransteuerung
      :                    unveraendert lassen.
      :
      :L    MW   30        Feststellen, ob Regeldifferenz
      :L    KF  +10        groesser als 1,0 Kelvin ist.
      :>F
      :SPB =M004           Wenn ja, Sprung zu Marke M004.
      :BEA
      :
M001 :R    A    0.0        Luefter
      :R    A    0.1        ausschalten.
      :BEA
      :
M002 :S    A    0.0        Luefter auf
      :S    A    0.1        Stufe 3 schalten.
      :BEA
      :
M003 :R    A    0.0        Luefter auf
      :S    A    0.1        Stufe 2 schalten.
      :BEA
M004 :S    A    0.0        Luefter auf
      :R    A    0.1        Stufe 1 schalten.
      :BE
```

## Übung 20.2: Thyristor-Stellglied an K-Regler

**Realisierung mit einer SPS:**
Zuordnung:

```
  S = E 0.0    A0 = A 1.0        MW 10 Istwert, dual-codiert
  w = EW 12                      MW 12 Sollwert, BCD-codiert
                                 MW 14 Sollwert, dual-codiert
                                 MW 16 Stellgröße, normiert auf
                                       0 ... 1024 Einheiten = 0 ... 10 V
                                 DW 11 Steuerwort
                                       KF +33: K-Regler EIN
                                       KF +37: K-Regler AUS

  x = Baugruppenadresse BG = 160
      Kanalnummer        KN = 0
      Kanaltyp           KT = 4
  y = Baugruppenadresse BG = 192
      Kanalnummer        KN = 0
      Kanaltyp           KT = 0
```

**Anweisungsliste:**

OB 21

Bei einem manuellen Neustart wird der OB21 einmal bearbeitet und veranlasst die einmalige Bearbeitung des FB1. Dort wird ein Systemwort geladen, das den Organisationsbaustein OB13 auf Zeitintervalle von 0,1 s einstellt; damit ist die Abtastzeit TA eingestellt.

```
        :SPA FB   1          OB fuer manuellen Neustart.
  NAME :SYSTEMDW
        :BE
```

OB 22

Der Organisationsbaustein OB22 wird bei automatischen Neustart einmal bearbeitet. Weiterer Text siehe OB21.

```
        :SPA FB   1          OB fuer automatischen Neustart.
  NAME :SYSTEMDW
        :BE
```

```
FB 1
  NAME :SYSTEMDW
        :L    KF +10         Bearbeitungsintervalle fuer
        :T    BS 97          OB13 auf 10 x 10 ms = 0,1 s
        :BE                  einstellen.
```

```
OB 13
        :SPA FB  10          Aufruf Abtastregler alle 0,1 s.
  NAME :KREG
        :
        :UN  A    1.0
        :=   A    1.0        Anzeige der Abtastzeitpunkte.
        :BE
```

```
FB 10
NAME :KREG
        :A    DB   10            Aufruf Regelkreis-Datenbaustein.
        :
        :UN   E     0.0          Abfrage Reglerfreigabe S.
        :SPB =M001
        :L    KF  +33            Steuerwort fuer K-Regler "EIN"
        :T    DW   11            nach Datenwort DW11 im DB10.
        :
        :SPA FB 250              Istwert x (Analogwert) einlesen:
NAME :RLG:AE
BG      :     KF  +160               Baugruppenadresse,
KNKT :        KY 0,4                 Kanal 0, Kanaltyp 4 =unipolar
OGR     :     KF  +250               Obergrenze,
UGR     :     KF  +0                 Untergrenze,
EINZ :        M  100.0
XA      :     MW   10                Istwert x (dual-codiert).
FB      :     M  100.1
BU      :     M  100.2
TBIT :        M  100.3
        :
        :L    MW   10            Istwert x nach DW22 im DB10.
        :T    DW   22
        :
        :L    EW   12            Sollwert w (BCD-codiert) in
        :T    MW   12            Zwischenspeicher.
        :
        :SPA FB 240              Wandeln BCD --> Dual:
NAME :COD:B4
BCD     :     MW   12                Sollwert w (BCD-codiert),
SBCD :        M  100.4
DUAL :        MW   14                Sollwert w (dual-codiert).
        :
        :L    MW   14            Sollwert w (dual-codiert) nach
        :T    DW    9            DW9 im DB10.
        :
        :SPA OB 251              PID- Regelalgorithmus bearbeiten
        :
        :L    DW   48            Stellgroesse y an Analogausgabe
        :SRW        1            anpassen: Maximalwert auf 1024
        :T    MW   16            Einheiten = 10 V.
        :
        :SPA FB 251              Stellgroesse y analog ausgeben:
NAME :RLG:AA
XE      :     MW   16                Stellgroesse (dual-codiert),
BG      :     KF  +192               Baugruppenadresse,
KNKT :        KY 0,0                 Kanal 0, Kanaltyp 0=unipolar
OGR     :     KF  +1024              Obergrenze  : 1024 = 10 V,
UGR     :     KF  +0                 Untergrenze :    0 =  0 V.
FEH     :     M  100.5
BU      :     M  100.6
        :BEA
        :
M001 :L      KF  +37            Steuerwort fuer K-Regler "AUS"
        :T    DW   11            nach DW11 in DB10.
        :
        :SPA OB 251              Bearbeiten des Regelalgorithmus-
                                 zum Loeschen der Altwerte.
```

```
        :L    KF  +0               Loeschen der Register.
        :T    MW  10
        :T    MW  12
        :T    MW  14
        :T    MW  16
        :T    PW 192
        :BE

DB10
  0:    KH  = 0000;
  1:    KF  = +02000;            Proportionalbeiwert K: Vorschlag
  2:    KH  = 0000;
  3:    KF  = +01000;            Konstante R
  4:    KH  = 0000;
  5:    KF  = +00100;            Konstante TI = TA:TN: Vorschlag
  6:    KH  = 0000;
  7:    KF  = +00000;            Konstante TD = Tv:TA
  8:    KH  = 0000;
  9:    KF  = +00000;            Datenwort fuer Sollwert w
 10:    KH  = 0000;
 11:    KF  = +00000;            Datenwort fuer Steuerwort
 12:    KH  = 0000;
 13:    KH  = 0000;
 14:    KF  = +02047;            Obergrenze Stellgroesse
 15:    KH  = 0000;
 16:    KF  = -02047;            Untergrenze Stellgroesse
 17:    KH  = 0000;
 18:    KH  = 0000;
 19:    KH  = 0000;
 20:    KH  = 0000;
 21:    KH  = 0000;
 22:    KF  = +00000;            Datenwort fuer Istwert x
 23:    KH  = 0000;
 24:    KH  = 0000;
 25:    KH  = 0000;
 26:    KH  = 0000;
 27:    KH  = 0000;
 28:    KH  = 0000;
 29:    KH  = 0000;
 30:    KH  = 0000;
 31:    KH  = 0000;
 32:    KH  = 0000;
 33:    KH  = 0000;
 34:    KH  = 0000;
 35:    KH  = 0000;
 36:    KH  = 0000;
 37:    KH  = 0000;
 38:    KH  = 0000;
 39:    KH  = 0000;
 40:    KH  = 0000;
 41:    KH  = 0000;
 42:    KH  = 0000;
 43:    KH  = 0000;
 44:    KH  = 0000;
 45:    KH  = 0000;
 46:    KH  = 0000;
 47:    KH  = 0000;
 48:    KF  = +00000;            Datenwort fuer Stellgroesse y
 49:
```

## Übung 20.3: Erweitertes Programm für einen S-Regler

Die kommentierten Programmstellen weisen auf die gemäß Aufgabenstellung
erforderlichen Programmänderungen gegenüber dem Ausgangsprogramm des
Lehrbuches von S. 500 bis 503 hin. Alle anderen Programmstellen sind
von dort unverändert übernommen worden.

### Realisierung mit einer SPS:
Zuordnung:

| | | | |
|---|---|---|---|
| S0 = E 0.0 | IMPM = A 0.0 | MB 10 | Zählvariablen |
| S1 = E 1.0 | IMPW = A 0.1 | MW 12 | Regeldifferenz |
| S2 = E 1.1 | A0 = A 1.0 | MW 14 | Sammelspeicher |
| w = EW 12 | A1 = A 1.7 | MW 16 | Zwischenspeicher |
| x = Baugruppenadresse BG = 160 | | MW 18 | Neue Impulszahl Ti |
| Kanalnummer  KN = 0 | | MW 20 | Rest |
| Kanaltyp  KT = 4 | | MW 22 | Impulszahlspeicher |
| | | DW 11 | Steuerwort |
| | | | KF +57: S-Regler EIN |
| | | | KF +61: S-Regler AUS |

### Anweisungsliste:

```
OB 21
       :SPA FB    1        OB fuer manuellen Neustart.
NAME :SYSTEMDW
       :BE


OB 22
       :SPA FB    1        OB fuer automatischen Neustart.
NAME :SYSTEMDW
       :BE


FB 1
```

Die Bearbeitungsintervalle fuer den OB13 berechnen sich aus: Faktor *10 ms.
Dieser Wert muss in das Betriebsdatenwort BS97 eingetragen werden.
Der Wert fuer die Mindesteinschaltdauer Tmin des Schrittreglers steht im
Datenwort DW54 des Datenbausteins DB10. Dort ist fuer z.B. Tmin = 0,1s laut
Aufgabenstellung der 10-fach Wert, also 1, einzutragen. Um auf den Faktor 10
zu kommen, der 10 * 10 ms = 0,1 s ergibt, ist also nochmals eine Multiplikation
mit 10 erforderlich. Diese Multiplikation wird hier im Baustein durchgefuehrt
und das Ergebnis in das Betriebsdatenwort BS97 transferiert.

```
NAME :SYSTEMDW
       :A    DB   10       Aufruf Datenbaustein DB10:
       :
       :L    DW   54       Der Zahlenwert aus dem Datenwort
       :SLW       3        DW54 wird mit 10 multipliziert:
       :L    DW   54       zuerst den Zahlenwert 3 mal
       :+F                 Linksschieben, was einer Multi-
       :L    DW   54       plikation mit 8 entspricht und
       :+F                 dann noch 2 mal den Ausgangswert
       :T    BS   97       addieren. Ergebnis in Betriebs-
       :BE                 datenwort BS97 transferieren.

OB 13
       :SPA FB    5
NAME :VERTEILE
       :
       :UN   A    1.0      Anzeige der Abtastzeitpunkte.
       :=    A    1.0
       :BE
```

```
FB  5
NAME :VERTEILE
     :A    DB   10
     :
     :UN   E     0.0
     :SPB =M001
     :L    KF  +57
     :T    DW   11
     :
     :L    MB   10
     :L    KF  +0
     :!=F
     :SPB FB   10
NAME :IMPZAHL
     :
     :SPA FB   20
NAME :IMPAUSG
     :
     :L    MB   10
     :I          1
     :T    MB   10
     :
     :
     :L    MB   10         Abfragen, ob Zaehlgrenze
     :L    DR   56         erreicht. Diese steht im rechten
     :!=F                  Byte des Datenwortes DW56.
     :SPB =M002
     :BEA
     :
M002 :L    KF  +0
     :T    MB   10
     :BEA
     :
M001 :R    A     0.0
     :UN   E     1.1
     :=    A     0.1
     :
     :L    KF  +61
     :T    DW   11
     :SPA OB   251
     :
     :L    KF  +0
     :T    MB   10
     :T    MW   12
     :T    MW   14
     :T    MW   16
     :T    MW   18
     :T    MW   20
     :T    MW   22
     :T    MW   30
     :T    MW   40
     :T    MW   42
     :BE
```

```
FB 10
NAME :IMPZAHL
     :UN  A    1.7        Anzeige der Reglerbearbeitungs-
     :=   A    1.7        zeitpunkte.
     :SPA FB 240
NAME :COD:B4
BCD  :     EW 12
SBCD :     M 100.0
DUAL :     DW  9
     :
     :SPA FB 250
NAME :RLG:AE
BG   :     KF +160
KNKT :     KY 0,4
OGR  :     KF +1000
UGR  :     KF +0
EINZ :     M 100.1
XA   :     DW 22
FB   :     M 100.2
BU   :     M 100.3
TBIT :     M 100.4
     :
     :L   DW   9
     :L   DW  22
     :-F
     :T   MW  12
     :
     :L   MW  12
     :L   KF +0
     :>F
     :SPB =M001
     :
     :L   MW  12
     :KZW
     :T   MW  12
     :
M001 :L   MW  12
     :L   KF +1
     :>F
     :SPB =M002
     :BEA
     :
M002 :SPA OB 251
     :
     :L   MW  14
     :L   DW  48
     :+F
     :T   MW  14
     :
     :L   MW  14
     :L   KF +0
     :>F
     :SPB =M003
     :
     :L   MW  14
     :KZW
     :T   MW  16
     :SPA =M004
     :
M003 :L   MW  14
     :T   MW  16
     :
M004 :SPA FB 243        Division im Funktionsbaustein:
```

```
NAME :DIV:16
Z1    :     DW   52        Ty* = Ty : Tmin (s.S.494 Lehrb.)
Z2    :     DW   54
OV    :     M   100.5      Der Funkt.baustein rechnet Z1:Z2
FEH   :     M   100.6
Z3=0  :     M   100.7
Z4=0  :     M   101.0
Z3    :     MW   30        Quotient (Ganzzahlwert)
Z4    :     MW   32        Rest (wird nicht verwendet).
      :
      :SPA FB 242          Multiplikation im Funkt.baustein
NAME :MUL:16
Z1    :     MW   30        delta y * Ty*    (s.S.494 Lehrb.)
Z2    :     MW   16
Z3=0  :     M   101.1      Der Funkt.baustein rechnet Z1*Z2
Z32   :     MW   40        Produkt (2.Teil):VZ u.hoehere St
Z31   :     MW   42        Produkt (1.Teil):niedere Stellen
      :
      :L    MB   42        Division durch delta y max =2048
      :T    MB   43        in zwei Schritten:
      :L    MB   41        1. Umladen der hoeherwertigen in
      :T    MB   42        niederwertige Bytes; diese ent
      :L    MB   40        spricht einer Division durch
      :T    MB   41        2 hoch 8 = 256.
      :
      :L    MW   42        2. Inhalt des niederwertigsten
      :SRW       3         Bytes wird nochmals durch
      :T    MW   18        2 hoch 3 = 8 geteilt in Form von
      :                    Rechtsschieben um 3 Stellen.
      :                    Ergebnis nach MW18.
      :L    MW   16
      :L    KH 0007
      :UW
      :T    MW   20
      :
      :L    MW   14
      :L    KF +0
      :>F
      :SPB  =M005
      :
      :L    MW   20
      :KZW
      :T    MW   14
      :
      :L    MW   18
      :KZW
      :T    MW   18
      :SPA  =M006
      :
M005 :L     MW   20
      :T    MW   14
      :
M006 :L     MW   22
      :L    MW   18
      :+F
      :T    MW   22
      :BE
```

```
FB 20                          DB10
NAME :IMPAUSG                    0:      KF = +00000;
     :NOP 1                      1:      KF = +02000;
     :R    A    0.0              2:      KF = +00000;
     :R    A    0.1              3:      KF = +01000;
     :                          4:      KF = +00000;
     :L    MW  22                5:      KF = +00100;
     :L    KF +0                 6:      KF = +00000;
     :>F                         7:      KF = +00000;
     :SPB =M001                  8:      KF = +00000;
     :                          9:      KF = +00000;
     :U    E    1.1             10:      KF = +00000;
     :BEB                       11:      KF = +00000;
     :                         12:      KF = +00000;
     :L    MW  22               13:      KF = +00000;
     :KZW                       14:      KF = +02047;
     :L    KF +1                15:      KF = +00000;
     :>=F                       16:      KF = -02047;
     :SPB =M002                 17:      KF = +00000;
     :BEA                       18:      KF = +00000;
     :                         19:      KF = +00000;
M002 :S    A    0.1             20:      KF = +00000;
     :                         21:      KF = +00000;
     :L    MW  22               22:      KF = +00000;
     :L    KF +1                23:      KF = +00000;
     :+F                        24:      KF = +00000;
     :T    MW  22               25:      KF = +00000;
     :BEA                       26:      KF = +00000;
     :                         27:      KF = +00000;
M001 :U    E    1.0             28:      KF = +00000;
     :BEB                       29:      KF = +00000;
     :                         30:      KF = +00000;
     :L    MW  22               31:      KF = +00000;
     :L    KF +1                32:      KF = +00000;
     :>=F                       33:      KF = +00000;
     :SPB =M003                 34:      KF = +00000;
     :BEA                       35:      KF = +00000;
     :                         36:      KF = +00000;
M003 :S    A    0.0             37:      KF = +00000;
     :                         38:      KF = +00000;
     :L    MW  22               39:      KF = +00000;
     :L    KF +1                40:      KF = +00000;
     :-F                        41:      KF = +00000;
     :T    MW  22               42:      KF = +00000;
     :BE                        43:      KF = +00000;
                               44:      KF = +00000;
                               45:      KF = +00000;
                               46:      KF = +00000;
                               47:      KF = +00000;
                               48:      KF = +00000;
                               49:      KF = +00000;
                               50:      KF = +00000;
                               51:      KF = +00000;
                               52:      KF = +00256;
                               53:      KF = +00000;
                               54:      KF = +00001;
                               55:      KF = +00000;
                               56:      KF = +00005;
                               57:
```

Beispielwerte:
Stellgliedlaufzeit Ty = 25,6 s
Mindesteinschaltdauer Tmin=0,1 s
Abtastzeit Ta = 0,5 s